U0107210

古今茶事

胡山源 编

商务印书馆
创于1897 The Commercial Press

涵芬楼文化 出品

只喝白开水，茶事不兑现。
昔日为无聊，今朝似有见。
闲庭忙碌甚，洗杯烹蟹眼。

胡山源

一九八五年六月

序

对于茶，虽然不至于像对于酒那样，我绝对不喝，却也喝得很少。现在我所喝的，就只是开水。

一天到晚，在冬季，我大约要喝一壶开水；在夏季，则至少两壶；如果打了球，那就三四壶都说不定。我只用一把壶，瓷壶，不用杯子，嘴对嘴喝着。我以为这种喝，最卫生，最爽快，为什么要用杯子，多所麻烦呢！反正这一把壶又只有我一个人喝。（偶然我的妻与儿女也要喝，我也由他们喝；反正同为一家人，吃同一只锅子烧出来的、同一只碗盛出来的饭与菜，要避免什么不良的传染，也避免不到什么地方去。何况我相信，我们一家人都十分健全，谁的口腔里也不含有一些传染病。不过这也许不能通行到别人家去，那么，我还是主张一人一把壶，废去杯子就是了。）

我最不喜欢喝热水瓶中倒出来的热开水，而只喜欢喝冷开水。这在夏天，固然很凉，也许为别人所欢迎；但在冬天，恐怕就有人要对之摇头了吧。而我却以为冬天喝冷开水，其味无穷，并不下于夏天的冰淇淋。假使你不相信，请你尝尝看。

我这样的喝开水，不喝茶，甚至冬天喝冷开水，不喝热开水，当然是有原因的，并非我穷得连茶叶都买不起，或故意要惊世骇俗，做此怪僻的行为。原因很简单，就是怕麻烦。既然喝茶是为了解渴，开水冷开水，都可以解渴，何必一定要喝茶，要喝热开水呢？若说喝茶并非为了解渴，是为了享受茶味，为了助谈兴，与人联欢，那么，我没有这种心思，这种工夫，由别人去吧，我不反对，但同时我希望别人也不要勉强我，勉强我去喝这样的茶。

苏州人上茶馆似乎是很出名的。我曾在苏州做过事，可是一年之内，我只上过一次，至多二次茶馆，那是为了朋友约在那处，不能不去。在故乡，在别处，我就从来不一个人或和别人上茶馆去喝茶，除了有时为人所约，非在这种地方不可之外。

不过我的喝冷开水，也不自今日始。我从小就喝过各种水。我是乡下人出身，我正可以告诉你一些乡下人，也就是我所喝的水。最普通的是缸里的河水。这在我家，是用矾澄清过的。在有些人家，根本就不用矾。夏天喝井水，凉沁心脾，绝不下于冰冻荷兰水。池水我也喝过。我最记得，由我乡间的故乡上城时，必须走过一个出名的“清水池塘”，在热天，我走到那里，和别人一般，总要蹲下去用手掬着喝一个饱。山间的泉水，当然是最好的，我往往要伏下去做一会儿牛饮。此外还有“天落水”，我也喝过，甚至我祖母所说的“灶家菩萨的汰脚水”，就是“汤罐水”，我也喝过。

我的祖母是不许我喝“生水”的，甚至也不给我喝开水，而给我喝茶。但我也许生性不习，看见左邻右舍同样的孩子，甚至在喝着污水，并不哼一下肚子痛，我就羡慕得不得了。我要自由喝，我不愿意在喝时受束缚。所以在我的祖母管不着我时，我就喝着上述的种种水。侥幸，我也并没有因此闹过一次肚子。二十多年前在上海，有一年我就完全喝自来水，原因是只有一个人，不高兴每天上老虎灶去泡开水。结果也很好，并没有意外。

我的确主张喝生水。这有什么不好呢？有几个乡下人是喝熟水的？我以为只要身体健康，就会百病消除。不信，正可以使我们记起这样的医药故事：某医药教授，在其身体健康时，当众喝下一杯霍乱菌，结果扬扬如平时，并未吐泻。据说，航海的人缺了淡水，只可以用布绞了咸水喝；旅行沙漠的人缺了鲜水，连泥浆都会喝下去。安知我们就不会有这一天呢？到了这一天你将如何呢？（我主张积极的、压倒病菌的卫生；不主张消极的、处处向病菌示弱的卫生。理由很多，大家总能想到。）

我哪样的生水都喝过，我的喝冷开水又何足为奇！不但不足为奇，简直已经很奢侈了：烹熟的，还要用瓷壶装，虽然勉强取消了一只杯子。

不过我在乡间的儿童时代，到底是喝茶的时候为多，而喝生水或开水的时候为少。原因就为了我的祖母是“城里人”出身，她的饮食起居不同于一般乡下人，所以我在解渴时，总喝着茶。

最普通的茶，是到街上去买回来的茶梗泡的。它的味道，平常得很，无可纪念。使我至今还忘不掉的，是这几种茶：一、焦大麦茶。这是许多种田人都喝的，其甘香之味，我以为远胜于武彝或普洱。二、锅巴茶。据说，从前某皇帝（正德或乾隆），出外“龙游”，在一个乡下人家喝了锅巴茶，回到皇宫里因为御茶房烧不出这种茶，杀了不知多少人。其味之佳，可想而知。三、棠棣茶。这是生在山上的较小的一种山楂树，将它的叶子采回来炒焦了也可以泡茶吃。我家没有，偶然在邻家喝到，其味似乎有些涩的。四、夏枯草茶。这也在邻家喝到，有些药味。不过涩与药，也另有清凉之味。

我家还肯买茶叶——其实是茶梗，所以还有真正的茶喝。一般乡下人，如果是喝茶的，就大都只用焦大麦与锅巴来泡茶。因为这不必费钱去买，大麦与锅巴，都是自己家里有的东西，只要炒炒焦就是了。还有些人家，为了舍不得大麦与锅巴，而也要尝尝茶味，就只有采取野生的棠棣和夏枯草了。我忝为乡下人，总算都尝到了这些好茶。我想，如果将这些茶料装潢起来，放在锦盒中，题个什么佳名，或者甚至说是外国来的，有如Lipton，放在上海各大公司的橱窗里出售，也许会被高等士女所啧啧称道吧！咖啡和可可，都是南美洲土人喝的东西，但一经提倡，便风行全球，安知它们不会也有这一天呢？“口之于味也，有同嗜焉”，至少在现今的时世，不大靠得住。可惜它们都埋没在乡间，终于难登大雅之堂！然而它们到底还是侥幸的，它们保全了它们的天真、本味，与乡下人为伍，得到了乡下人为知己，并没有为高等的士女所污辱。

据说，有些地方还有炒柳叶或槐叶当茶叶的，我没有尝过这种茶，不知是什么味道。但我却赞成这个办法，我相信可以泡茶的植物，一定是多的，其效用也不会亚于茶的，何必一定要求茶呢？菊花已很普通，当我小学时，我还在校用枯干的木香花瓣泡过茶，其味也不见得比菊花推扳。我以为凡物要被大人先生或高等士女弄得非驴非马，引为他们的专有品，就由它们去。好在天地之大，无所不有，我们正可以另从便利的入手，既然取之不尽，用之不竭，还得到了他们所永远尝不到的真正美味，例如焦大麦等，我们又何乐而不为！

以我这样喝冷开水甚至喝生水的人来说“茶事”，虽然不见得会被人笑掉牙齿，也许要被人讥为不自量力、附庸风雅吧。对的，我是不自量力，但附庸风雅则未必。因为我已自承不喝茶了，自然免了“附庸”之嫌；至于我不喝茶而说“茶事”，则本着述而不作的成法，似乎也与我的“力”无关。我的“古今茶事”，就因为有了“古今酒事”，在茶酒不相离的关系之下，不管上面两种的顾忌，而就此集成的。

此外，我也可以援知酒之例，自认为知茶，知各名山所出之茶。不过这不是现在所需要的事情，更不是我现在所需要的事情；所以我究竟如何知法，知到如何程度，我也只好存而不论，以待异日了。

本书也和《古今酒事》一样，在“八一三”之前早就齐稿，“序”也早已写好。不料“八一三”事起，比了《酒事》还要不幸，不但“序”未带出来，连稿也未带出来。书局当局，为了这是《酒事》的姊妹篇，不能不出，以完成一个系统，所以又在一年多以前，叫我重新从事于此。我也颇有此心，就在百忙中再从各书中，去搜寻材料。“喝茶”照理要比“饮酒”普遍得多，但等到搜集材料的时候，“茶事”似乎要比“酒事”反而少得多，也许因为茶的刺激不如酒的那样厉害，所以因喝茶而发生的韵事也就减少了；又或者为了我的时间匆促，尚有遗漏之处，那只好等到后来有工夫再补了。至于原序究竟说些什么话，我已一句也不记得，只好另外写了上面这一篇。我以为这书的经过如此，也值得提出，所以补识于此。

编　者

三十年（1941）七月

凡　例

（一）本书目的，拟将古今有关茶事之文献，汇成一编，以资欣赏。

（二）本书材料，统由各种丛书及笔记中采撷而来。

（三）“故事”中各篇，均注明出处，借明来历。

（四）取材以清末为止，民国后不录。

（五）“故事”约三百数十条，范围最为广博，今因便于翻阅起见，分成十一类。然其中界限，有极难划分者，如有不当之处，尚请读者原谅。

（六）本书排版完成后，又在各丛书及笔记中，陆续发现尚未收入之材料甚夥，拟待至相当时期，另出续编。

（七）本书以编者一人之力，三五年之工夫，搜罗所得，当然难称完善。如承海内同好，于本书所已有者外，代为搜罗，以便将来收入续编，俾成茶事完作，曷胜企祷之至！

（八）本书与《古今酒事》为姊妹作，合而观之，当有相得益彰之妙。

目录

第一辑　专著

第二辑　艺文

第三辑　故事

第一辑

专　著

茶　经

陆　羽

序

案《周礼》酒正之职"辨四饮之物，其三曰浆"；又浆人之职"供王之六饮：水、浆、醴、凉、医、酏，入于酒府"。郑司农云："以水和酒也。"盖当时人率以酒醴，为饮乎六；浆，酒之醨者也。何得姬公制《尔雅》云："槚，苦荼。"即不撷而饮之，岂圣人之纯于用乎？亦草木之济人，取舍有时也。

自周以降，及于国朝茶事，竟陵之陆季疵言之详矣；然季疵以前，称茗饮者，必浑以烹之，与夫瀹蔬而啜者无异也。季疵始为《经》三卷，由是分其源，制其具，教其造，设其器，命其煮。饮之者除痟而疠去，虽疾医之不若也。其为利也，于人岂小哉！余始得季疵书，以为备矣。后又获其《顾渚山记》二篇，其中多茶事。

后又太原温从云、武威段碣之各补茶事十数节，并存于方册。茶之事，由周至今，竟无纤遗矣。

昔晋杜毓有《荈赋》，季疵有《茶歌》，余缺然于怀者，谓有其具而不形于诗，亦季疵之遗恨也。遂为十咏，寄天随子。

唐　皮日休　撰

一之源

茶者，南方之嘉木也。一尺、二尺乃至数十尺；其巴山峡川有两人合抱者，伐而掇之。其树如瓜芦，叶如栀子，花如白蔷薇，实如栟榈，蒂如丁香，根如胡桃。【瓜芦，木出广州，似茶，至苦涩。栟榈，蒲葵之属，其子似茶。胡桃与茶，根皆下孕兆，至瓦砾苗木上排。】

其字，或从草，或从木，或草木并。【从草，当作茶，其字出《开元文字音义》；从木，当作梌，其字出《本草》；草木并，作荼，其字出《尔雅》。】

其名，一曰茶，二曰槚，三曰蔎，四曰茗，五曰荈。【周公云："槚，苦茶。"阳执戟云："蜀西南人谓茶曰'蔎'。"郭弘农云："早取为茶，晚取为茗，或一曰荈耳。"】

其地，上者生烂石，中者生栎壤【按栎，当从石为砾】，下者生黄土。凡艺而不实，植而罕茂；法如种瓜，三岁可采。野者上，园者次；阳崖阴林，紫者上，绿者次；笋者上，芽者次；叶卷上，叶舒次。阴山坡谷者不堪采掇，性凝滞，结瘕疾。

茶之为用，味至寒，为饮最宜精行俭德之人，若热渴、凝闷、脑疼、目涩、四肢烦、百节不舒，聊四五啜，与醍醐、甘露抗衡也。采不时，造不精，杂以卉莽，饮之成疾，茶为累也。亦犹人参，上者生上党，中者生百济、新罗，下者生高丽。有生泽州、易州、幽州、檀州者，为药无效，况非此者！设服荠苨，使六疾不瘳。知人参为累，则茶累尽矣。

二之具

籝：一曰篮，一曰笼，一曰筥。以竹织之。受五升或一斗、二斗、三斗者，茶人负以采茶也。【籝，《汉书》音盈，所谓“黄金满籝，不如一经”。颜师古云：“籝，竹器也。容四升耳。”】

灶：无用突者。

釜：用唇口者。

甑：或木或瓦，匪腰而泥，篮以箄之，篾以系之。始其蒸也，入乎箄，既其熟也，出乎箄；釜涸注于甑中【甑，不带而泥之】，又以谷木枝三亚者制之【亚当作椏，木椏枝也】；散所蒸芽笋并叶，畏流其膏。

杵臼：一曰碓；惟恒用者佳。

规：一曰模，一曰棬；以铁制之；或圆或方或花。

承：一曰台，一曰砧；以石为之；不然以槐、桑木半埋地中，遣无所摇动。

檐：一曰衣；以油绢或角衫单服败者为之，以檐置承上，又以规置檐上，以造茶也。茶成，举而易之。

芘莉：一曰赢子，一曰旁筤；以二小竹，长三尺、阔一尺五寸、柄五寸，以篾织方眼如圃人土罗，阔二尺，以列茶也。

棨：一曰锥；刀柄以坚木为之，用穿茶也。

朴：一曰鞭；以竹为之，穿茶以解茶也。

焙：凿地深二尺，阔二尺五寸，长一丈；上作短墙，高二尺，泥之。

贯：削竹为之；长二尺五寸，以贯茶焙之。

棚：一曰栈；以木构于焙上，编木两层，高一尺，以焙茶也。茶之半干升下棚，全干升上棚。

穿【音钏】：江东淮南剖竹为之，巴州峡山纫榖皮为之；江东以一斤为上穿，半斤为中穿，四两五两为小穿；峡中以一百二十斤为上穿，八十斤为中穿，五十斤为小穿。字旧作“钗钏”之“钏”字，或作“贯串”；今则不然，如磨、扇、弹、锁、缝五字，文以平声书之，义以去声呼之；其字以“穿”名之。

育：以木制之，以竹编之，以纸糊之；中有隔，上有覆，下有床，傍有门，掩一扇；中置一器，贮糠煨火，令煴煴然；江南梅雨时，焚之以火。【育者，以其藏养为名。】

三之造

凡采茶，在二月、三月、四月之间。

茶之笋者，生烂石沃土，长四五寸，若薇蕨始抽，陵露采焉；茶之芽者发于藂薄之上，有三枝、四枝、五枝者，选其中枝颖拔者采焉；其日有雨不采，晴有云不采；晴采之、蒸之、捣之、拍之、焙之、穿之、封之，茶之干矣。

茶有千万状，卤莽而言，如胡人靴者蹙缩然【京锥文也】。犎牛臆者廉襜然；浮云出山者轮囷然；轻飙拂水者涵澹然。有如陶家之子罗膏土，以水澄泚之【谓澄泥也】；又如新治地者，遇暴雨流潦之所经；此皆茶之精腴。有如竹箨者，枝干坚实，艰于蒸捣，故其形籭簁然；有如霜荷者，茎叶雕沮，易其状貌，故厥状委萃然；此皆茶之瘠老者也。

自采至于封七经目，自胡靴至于霜荷八等。或以光黑平正言嘉者，斯鉴之下也；以皱黄坳垤言佳者，鉴之次也；若皆言嘉及皆言不嘉者，鉴之上也。何者？出膏者光，含膏者皱；宿制者则黑，日成者则黄；蒸压则平正，纵之则坳垤；此茶与草木叶一也。茶之否臧，存于口诀。

四之器

风炉【灰承】

风炉以铜铁铸之，如古鼎形，厚三分，缘阔九分，令六分，虚中致其圬墁。凡三足，古文书二十一字：一足云“坎上巽下离于中”，一足云“体均五行去百疾”，一足云“圣唐灭虏明年铸”。其三足之间设三窗底，一窗以为通飙漏烬之所，上并古文书六字：一窗之上书“伊公”二字，一窗之上书“羹陆”二字，一窗之上书“氏茶”二字；所谓“伊公羹陆氏茶”也。置墆㙎，于其内设三格：其一格有翟焉，翟者，火禽也，画一卦曰离；其一格有彪焉，彪者，风兽也，画一卦曰巽；其一格有鱼焉，鱼者，水虫也，画一卦曰坎。巽主风，离主火，坎主水；风能兴火，火能熟水，故备其三卦焉。其饰，以连葩、垂蔓、曲水、方丈之类；其炉，或锻铁为之或运泥为之。其灰承，作三足铁柈抬之。

筥

筥以竹织之，高一尺二寸，径阔七寸；或用藤，作木楦如筥形，织之；六出圆眼。其底盖若利箧，口铄之。

炭挝

炭挝以铁六棱制之，长一尺，锐上丰中，执细头，系一小，以饰挝也。若今之河陇军人木吾也。或作锤，或作斧，随其便也。

火筴

火筴一名箸，若常用者，圆直一尺三寸。顶平截，无葱台勾锁之属。以铁或熟铜制之。

鍑【音辅，或作釜，或作鬴】

鍑以生铁为之，今人有业冶者所谓急铁，其铁以耕刀之趄炼而铸之。内模土而外模沙，土滑于内，易其摩涤；沙涩于外，吸其炎焰。方其耳，以正令也；广其缘，以务远也；长其脐，以守中也。脐长则沸中，沸中则末易扬；末易扬则其味淳也。洪州以瓷为之，莱州以石为之；瓷与石皆雅器也，性非坚实，难可持久；用银为之至洁，但涉于侈丽，雅则雅矣，洁亦洁矣；若用之恒，而卒归于银也。

交床

交床以十字交之，剜中令虚，以支鍑也。

夹

夹以小青竹为之，长一尺二寸，令一寸有节，节已上剖之以炙茶也。彼竹之筱，津润于火，假其香洁，以益茶味，恐非林谷间莫之致。或用精铁熟铜之类，取其久也。

纸囊

纸囊以剡藤纸白厚者夹缝之，以贮所炙茶，使不泄其香也。

碾【拂末】

碾以橘木为之，次以梨桑桐柘为之，内圆而外方；内圆备于运行也，外方制其倾危也。内容堕而外无余木，堕形如车轮，不辐而轴焉。长九寸，阔一寸七分，堕径三寸八分，中厚一寸，边厚半寸，轴中方而执圆。其拂末以鸟羽制之。

罗合

罗末以合盖贮之，以则置合中。用巨竹剖而屈之，以纱绢衣之。其合以竹节为之，或屈杉以漆之。高三寸，盖一寸，底二寸，口径四寸。

则

则以海贝、蛎蛤之属或以铜铁、竹匕策之类。则者，量也，准也，度也。凡煮水一升，用末方寸匕，若好薄者减，嗜浓者增，故云则也。

水方

水方以椆木、槐、楸、梓等合之，其里并外缝漆之。受一斗。

漉水囊

漉水囊若常用者，其格以生铜铸之，以备水湿无有苔秽、腥涩意；以熟铜苔秽、铁腥涩也。林栖谷隐者，或用之竹木；木与竹非持久涉远之具，故用之生铜。其囊织青竹以卷之，裁碧缣以缝之，细翠钿以缀之，又作绿油囊以贮之。圆径五寸，柄一寸五分。

瓢

瓢一曰牺、杓，剖瓠为之或刊木为之。晋舍人杜毓《荈赋》云："酌之以匏。"匏，瓢也，口阔、颈薄、柄短。永嘉中余姚人虞洪，入瀑布山采茗，遇一道士云："吾，丹丘子。祈子他日瓯牺之余，乞相遗也。"牺，木杓也；今常用以梨木为之。

竹夹

竹夹或以桃、柳、蒲葵木为之，或以柿心木为之。长一尺，银裹两头。

鹾簋【揭】

鹾簋以瓷为之，圆径四寸。若合【或即今盒字】形，或瓶武罍，贮盐花也。其揭竹制，长四寸一分，阔九分。揭，策也。

熟盂

熟盂以贮熟水，或瓷或沙，受二升。

碗

碗，越州上，鼎州、婺州次；岳州上，寿州、洪州次。或者以邢州处越州上，殊为不然：若邢瓷类银，越瓷类玉，邢不如越一也；若邢瓷类雪，则越瓷类冰，邢不如越二也；邢瓷白而茶色丹，越瓷青而茶色绿，邢不如越三也。晋杜毓《荈赋》所谓“器泽陶拣，出自东瓯”；瓯，越也。瓯，越州上。口唇不卷，底卷而浅，受半斤已下。越州瓷、岳瓷皆青，青则益茶，茶作白红之色。邢州瓷白，茶色红；寿州瓷黄，茶色紫；洪州瓷褐，茶色黑；悉不宜茶。

畚

畚以白蒲卷而编之，可贮碗十枚。或用筥。其纸帊以剡纸夹缝令方，亦十之也。

札

札缉栟榈皮以茱萸木夹而缚之，或截竹束而管之，若巨笔形。

涤方

涤方以贮涤洗之余。用楸木合之，制如水方。受八升。

滓方

滓方以集诸滓。制如涤方。处五升。

巾

巾以绝布为之；长二尺，作二枚，互用之，以洁诸器。

具列

具列或作床，或作架；或纯木、纯竹而制之；或木或竹，黄黑可扃而漆者。长三尺，阔二尺，高六寸。具列者悉敛诸器物，悉以陈列也。

都篮

都篮以悉设诸器而名之。以竹篾内作三角方眼，外以双篾阔者经之，以单篾纤者缚之。递压双经作方眼，使玲珑。高一尺五寸，低阔一尺，高二寸，长二尺四寸，阔二尺。

五之煮

凡炙茶，慎勿于风烬间炙，熛焰如钻，使炎凉不均。持以逼火，屡其翻正，候炮出培塿状蛤蟆背，然后去火五寸。卷而舒，则本其始又炙之。若火干者，以气热止；日干者，以柔止。

其始，若茶之至嫩者，蒸罢热捣，叶烂而芽笋存焉。假以力者，持千钧杵亦不之烂，如漆科珠，壮士接之，不能驻其指。及就，则似无穰骨也。炙之，则其节若倪倪如婴儿之臂耳。既而承

热，用纸囊贮之，精华之气无所散越，候寒末之。【末之上者，其屑如细米；末之下者，其屑如菱角。】

其火，用炭，次用劲薪【谓桑、槐、桐、枥之类也】。其炭曾经燔炙为膻腻所及，及膏木、败器，不用之。【膏木，为柏、桂、桧也。败器，为朽废器也。】古人有劳薪之味，信哉。

其水，用山水上，江水中，井水下。【《荈赋》所谓“水则岷方之注，挹彼清流”。】其山水拣乳泉、石池漫流者上；其瀑涌湍漱，勿食之，久食令人有颈疾。又多别流于山谷者，澄浸不泄，自火天至霜郊以前，或潜龙蓄毒于其间，饮者可决之以流其恶，使新泉涓涓然酌之。其江水，取去人远者。井，取汲多者。

其沸，如鱼目，微有声，为一沸；缘边如涌泉连珠，为二沸；腾波鼓浪为三沸；已上，水老不可食也。初沸，则水合量，调之以盐味，谓弃其啜余，无乃䞽艦而钟其一味乎？第二沸出水一瓢，以竹筴环激汤心，则量末当中心而下；有顷，势若奔涛溅沫，以所出水止之，而育其华也。

凡酌，置诸碗，令沫饽均。沫饽，汤之华也。华之薄者曰沫，厚者曰饽，细轻者曰花。如枣花漂漂然于环池之上，又如回潭曲渚青萍之始生，又如晴天爽朗有浮云鳞然。其沫者，若绿钱浮于水湄，又如菊英堕于樽俎之中。饽者，以滓煮之，及沸则重华累沫，皤皤然若积雪耳。《荈赋》所谓“焕如积雪，煜若春藪”，有之。

第一煮，水沸而弃其沫，之上有水膜如黑云母，饮之则其味不正。其第一者为隽永，【徐县、全县二反。至美者曰隽永。隽，味也；永，长也。味长曰隽永,《汉书》蒯通著《隽永》二十篇也。】或留熟以贮之，以备育华救沸之用。诸第一与第二、第三碗次之，第四、第五碗外，非渴甚莫之饮。凡煮水一升，酌分五碗,【碗数至少三，多至五。若人多至十，加两炉。】乘热连饮之。以重浊凝其下，精英浮其上。如冷，则精英随气而竭，饮啜不消亦然矣。

茶性俭，不宜广，广则其味黯淡。且如一满碗，啜半而味寡，况其广乎！其色缃也，其馨𡡡也【香至美曰𡡡，𡡡音使】。

其味甘，槚也；不甘而苦，荈也；啜苦咽甘，茶也。【一本云：其味苦而不甘，槚也。甘而不苦，荈也。】

六之饮

翼而飞，毛而走，呿而言，此三者俱生于天地间。饮啄以活，饮之时义远矣哉！至若救渴饮之以浆，蠲忧忿饮之以酒，荡昏寐饮之以茶。

茶之为饮，发乎神农氏，闻于鲁周公。齐有晏婴，汉有扬雄、司马相如，吴有韦曜，晋有刘琨、张载、远祖纳、谢安、左思之徒，皆饮焉。滂时浸俗，盛丁国朝两都并荆、俞【俞当作渝，巴渝也】间，以为比屋之饮。

饮有粗茶、散茶、末茶、饼茶者。乃斫、乃熬、乃炀、乃舂，贮于瓶缶之中，以汤沃焉，谓之痷茶。或用葱、姜、枣、橘皮、茱萸、薄荷等煮之百沸，或扬令滑，或煮去沫——斯沟渠间弃水耳！而习俗不已。

于戏！天育万物，皆有至妙。人之所工，但猎浅易。所庇者屋，屋精极；所着者衣，衣精极；所饱者饮食，食与酒皆精极之。

茶有九难：一曰造，二曰别，三曰器，四曰火，五曰水，六曰炙，七曰末，八曰煮，九曰饮。阴采夜焙非造也，嚼味嗅香非别也，膻鼎腥瓯非器也，膏薪庖炭非火也，飞湍壅潦非水也，外熟内生非炙也，碧粉缥尘非末也，操艰搅遽非煮也，夏兴冬废非饮也。夫珍鲜馥烈者，其碗数三；次之者碗数五；若坐客数至五，行三碗；至七，行五碗；若六人已下，不约碗数，但阙一人而已。其隽永补所阙人。

七之事

三皇：炎帝神农氏。

周：鲁周公旦、齐相晏婴。

汉：仙人丹丘子、黄山君。司马文园令相如、扬执戟雄。

吴：归命侯、韦太傅弘嗣。

晋：惠帝、刘司空琨、琨兄子兖州刺史演、张黄门孟阳、傅司隶咸、江洗马统、孙参军楚、左记室太冲、陆吴兴纳、纳兄子会稽内使俶、谢冠军安石、郭弘农璞、桓扬州温、杜舍人毓、武康小山寺释法瑶、沛国夏侯恺、余姚虞洪、北地傅巽、丹阳弘君举、高安任育长【育长任瞻字，元本遗长字，今增之】、宣城秦精、敦煌单道开、剡县陈务妻、广陵老姥、河内山谦之。

后魏：瑯琊王肃。

宋：新安王子鸾、鸾弟豫章王子尚、鲍昭妹令晖、八公山沙门谭济。

齐：世祖武帝。

梁：刘廷尉、陶先生弘景。

皇朝：徐英公勣。

《神农食经》："茶茗久服，人有力悦志。"

周公《尔雅》："槚，苦茶。"

《广雅》云："荆巴间，采叶作饼，叶老者饼成，以米膏出之。欲煮茗饮，先炙令赤色，捣末置瓷器中，以汤浇覆之，用葱、姜、橘子芼之。其饮醒酒，令人不眠。"

《晏子春秋》："婴相齐景公时，食脱粟之饭，炙三弋、五卵、茗菜而已。"

司马相如《凡将篇》："乌喙、桔梗、芫华、款冬、贝母、木檗、蒌、芩、草、芍药、桂、漏芦、蜚廉、雚菌、荈诧、白敛、白芷、菖蒲、芒消、莞、椒、茱萸。"

《方言》："蜀西南人谓茶曰蔎。"

《吴志·韦曜传》："孙皓每飨宴坐席，无不率以七胜为限。虽不尽入口，皆浇灌取尽。曜饮酒不过二升，皓初礼异，密赐茶荈以代酒。"

《晋中兴书》："陆纳为吴兴太守时，卫将军谢安常欲诣纳【《晋书》云：纳为吏部尚书】，纳兄子俶怪纳无所备，不敢问之，乃私蓄数十人馔。安既至，所设唯茶果而已。俶遂陈盛馔，珍馐必具。及安去，纳杖俶四十，云：'汝既不能光益叔父，奈何秽吾素业！'"

《晋书》："桓温为扬州牧，性俭。每宴饮，唯下七奠拌茶果而已。"

《搜神记》："夏侯恺因疾死。宗人字苟奴察见鬼神，见恺来收马并病其妻，着平上帻、单衣入，坐生时西壁大床，就人觅茶饮。"

刘琨《与兄子南兖州刺史演书》云："前得安州干姜一斤、桂一斤、黄芩一斤，皆所须也。吾体中溃【溃当作愦】闷，常仰其茶，汝可置之。"

傅咸《司隶教》曰："闻南方有以困：蜀妪作茶粥卖，为帘事打破其器具；又卖饼于市，而禁茶粥以蜀姥。何哉？"

《神异记》："余姚人虞洪入山采茗，遇一道士，牵三青牛，引洪至瀑布山曰：'予丹丘子也。闻子善具饮，常思见惠。山中有大茗，可以相给，祈子他日有瓯牺之余，乞相遗也。'因其奠祀，后常令家人入山，获大茗焉。"

左思《娇女诗》："吾家有娇女，皎皎颇白皙。小字为纨素，口齿自清历。有姊字惠芳，眉目粲如画。驰骛翔园林，果下皆生摘。贪华风雨中，倏忽数百适。心为茶荈剧，吹嘘对鼎鬲。"

张孟阳《登成都楼》诗云："借问扬子舍，想见长卿庐。程卓累千金，骄侈拟五都。门有连骑客，翠带腰吴驱。鼎食随时进，百和妙且殊。披林采秋橘，临江钓春鱼。黑子过龙醢，果馔逾蟹蝑。

芳茶冠六情，溢味播九区。人生苟安乐，兹土聊可娱。”

傅巽《七诲》：“蒲桃、宛柰、齐柿、燕栗、峘阳黄梨、巫山朱橘、南中茶子、西极石蜜……”

弘君举《食檄》：“寒温既毕，应下霜华之茗。三爵而终，应下诸蔗、木瓜、元李、杨梅、五味、橄榄、悬豹、葵羹，各一杯。”

孙楚《歌》：“茱萸出芳树颠，鲤鱼出洛水泉。白盐出河东，美豉出鲁渊。姜桂茶荈出巴蜀，椒橘木兰出高山。蓼苏出沟渠，精稗出中田。”

华陀《食论》：“苦茶，久食益意思。”

壶居士《食忌》：“苦茶，久食羽化。与韭同食，令人体重。”

郭璞《尔雅注》云：“树小似栀子，冬生叶，可煮羹饮。今呼早取为茶，晚取为茗，或一曰荈。蜀人名之苦茶。”

《世说》：“任瞻，字育长。少时有令名，自过江失志。既下饮【下饮，为设茶也】，问人云：‘此为茶？为茗？’觉人有怪色，乃自申明云：‘向问饮为热为冷耳。’”

《续搜神记》：“晋武帝时，宣城秦精常入武昌山采茗，遇一毛人，长丈余。引精至山下，示以褒茗而去。俄而复还，乃探怀中橘以遗精。精怖，负茗而归。”

《晋四王起事》：“惠帝蒙尘，还洛阳。黄门以瓦盂盛茶上至尊。”

《异苑》：“剡县陈务妻，少与二子寡居，好饮茶茗。以宅中有古冢，每饮辄先祀之。二子患之曰：‘古冢何知，徒以劳意。’欲掘去之。母苦禁而止。其夜梦一人云：‘吾止此冢三百余年，卿二子恒欲见毁，赖相保护，又享吾佳茗，虽潜壤朽骨岂忘翳桑之报！’及晓，于庭中获钱十万，似久埋者，但贯新耳。母告二子，惭之。从是祷馈愈甚。”

《广陵耆老传》：“晋元帝时，有老姥每旦独提一器茗，往市鬻之。市人竞买，自旦至夕，其器不减。所得钱散路傍孤贫乞人。人或异之，州法曹絷之狱中。至夜，老姥执所鬻茗器从狱牖中飞出。”

《艺术传》：“敦煌人单道开，不畏寒暑，常服小石子。所服药有松、桂、蜜之气。所余茶苏而已。”

释道该说《续名僧传》：“宋释法瑶，姓杨氏，河东人。永嘉中过江，遇沈台真，请真君武康小山寺。年垂悬车【悬车，喻日入之候，指人垂老时也。淮南子曰：‘日至悲泉，爰息其马。’亦此意也】，饭所饮茶。永明中，敕吴兴礼致上京，年七十九。”

宋《江氏家传》：“江统，字应元，迁愍怀太子洗马。尝上疏谏云：‘今西园卖醯、面、蓝子、菜、茶之属，亏败国体。’”

《宋录》：“新安王子鸾、豫章王子尚，诣昙济道人于八公山。道人设茶茗。子尚味之曰：‘此甘露也，何言茶茗？’”

王微《杂诗》：“寂寂掩高阁，寥寥空广厦。待君竟不归，收领今就槚。”

鲍昭妹令晖，著《香茗赋》。

南齐世祖武皇帝《遗诏》：“我灵座上，慎勿以牲为祭，但设饼果、茶饮、干饭、酒脯而已。”

梁刘孝绰《谢晋安王饷米等启》:“传诏李孟孙宣教旨:垂赐米、酒、瓜、笋、菹、脯、酢、茗八种。气苾新城,味芳云松。江潭抽节,迈昌荇之珍;壃埸擢翘,越葺精之美;羞非纯束,野麏裛似雪之驴;酢异陶瓶,河鲤操如琼之粲。茗同食粲,酢颜望柑。免千里宿舂,省三月粮聚。小人怀惠,大懿难忘。”

陶弘景《杂录》:“苦茶,轻身换骨。昔丹丘子、黄山君服之。”

《后魏录》:“瑯琊王肃,仕南朝,好茗饮、莼羹。及还北地,又好羊肉、酪浆。人或问之:‘茗何如酪?’肃曰:‘茗不堪与酪为奴。’”

《桐君录》:“西阳、武昌、庐江、晋陵好茗,皆东人作清茗。茗有饽,饮之宜人。凡可饮之物,皆多取其叶,天门冬、拔楔取根,皆益人。又巴东别有‘真茗茶’,煎饮令人不眠。俗中多煮檀叶并大皂李作茶,并冷。又南方有瓜芦木,亦似茗,至苦涩,取为屑茶饮,亦可通夜不眠。煮盐人但资此饮,而交、广最重,客来先设,乃加以香芼辈。”

《坤元录》:“辰州溆浦县西北三百五十里无射山,云蛮俗当吉庆之时,亲族集会歌舞于山上。山多茶树。”

《括地图》:“临遂县东一百四十里有茶溪。”

山谦之《吴兴记》:“乌程县西二十里有温山,出御荈。”

《夷陵图经》:“黄牛、荆门、女观、望州等山,茶茗出焉。”

《永嘉图经》:“永嘉县东三百里,有白茶山。”

《淮阴图经》:“山阳县南二十里,有茶坡。”

《茶陵图经》云："茶陵者，所谓陵谷生茶茗焉。"

《本草·木部》："茗，苦荼；味甘微寒无毒。主瘘疮，利小便，去痰渴热，令人少睡。秋采之，苦；主下气消食【注云：春采之】。"

《本草·菜部》："苦荼，一名荼，一名选，一名游冬。生益州川谷、山陵道傍，凌冬不死。三月三日采，干。【注云：疑此即是今茶，一名荼。令人不眠。】"

《本草注》："按,《诗》云：'谁谓荼苦'，又云：'堇荼如饴'，皆苦菜也。陶谓之苦荼，木类，非菜流。茗，春采谓之苦搽。"

《枕中方》："疗积年瘘，苦茶、蜈蚣并炙，令香熟，等分，捣筛，煮甘草汤洗，以末傅之。"

《孺子方》："疗小儿无故惊蹶.以苦茶、葱须煮服之。"

八之出

山南：以峡州上【峡州生远安、宜都、夷陵三县山谷】，襄州荆州次【襄州生南鄣县山谷，荆州生江陵县山谷】，衡州下【生衡山、茶陵二县山谷】，金州、梁州又下【金州生西城、安康二县山谷，梁州生褒城、金牛二县山谷】。

淮南：以光州上【生光山县黄头港者，与峡州同】，义阳郡、舒州次【生义阳县钟山者，与襄州同；舒州生太湖县、潜山者，与荆州同】，寿州下【盛唐县生霍山者，与衡山同也】，蕲州、黄州又下【蕲州生黄梅县山谷，黄州生麻城县山谷，并与荆州、梁州同也】。

浙西：以湖州上【湖州生长兴县顾渚山谷，与峡州光州同；生山桑、儒师二寺自茅山悬脚岭，与襄州、荆南、义阳郡同；生凤亭山伏翼阁、飞云曲水二寺、啄木岭，与寿州常州同；生安吉、武康二县山谷，与金州、梁州同】，常州次【常州义兴县生君山悬脚岭北峰下，与荆州、义阳郡同；生圈岭善权寺、石亭山；与舒州同】，宣州、杭州、睦州、歙州下【宣州生宣城县雅山，与蕲州同；太平县生上睦、临睦，与黄州同；杭州临安、于潜二县生上目山，与舒州同；钱塘生天竺、灵隐二寺，睦州生桐庐县山谷，歙州生婺源山谷，与衡州同】，润州、苏州又下【润州江宁县生傲山，苏州长洲县生洞庭山，与金州、蕲州、梁州同】。

剑南：以彭州上【生九陇县马鞍山、至德寺、棚口，与襄州同】，绵州、蜀州次【绵州龙安县生松岭关，与荆州同，其西昌、昌明、神泉县西山者，并佳；有过松岭者不堪采。蜀州青城县生丈人山，与绵州同；青城县有散茶木茶】，邛州次，雅州、泸州下【雅州百丈山、名山，泸州泸川者，与金州同也】，眉州、汉州又下【眉州丹校县生铁山者，汉州绵竹县生竹山者，与润州同】。

浙东：以越州上【余姚县生瀑布泉岭曰仙茗。大者殊异，小者与襄县同】，明州、婺州次【明州鄞县生榆荚村，婺州东阳县东目山，与荆州同】，台州下【台州曹县生赤城者，与歙州同】。

黔州：生恩州、播州、费州、夷州。

江南：生鄂州、袁州、吉州。

岭南：生福州、泉州、韶州、象州【福州生闽方山，山阴县也】。

其恩、播、费、夷、鄂、袁、吉、福建、泉、韶、象，十一州未详。往往得之，其味极佳。

九之略

其造具，若方春禁火之时，于野寺山园丛手而掇，乃蒸，乃舂，乃复以火干之，则又棨、朴、焙、贯、棚、穿、育等七事皆废。

其煮器，若松间石上可坐，则具列废，用槁薪、鼎鬲之属，则风炉、灰承、炭挝、火筴、交床等废。若瞰泉临涧，则水方、涤方、漉水囊废。若五人已下，茶可味而精者，则罗废。若援藟跻岩，引絙入洞，于山口炙而末之，或纸包、合贮，则碾、拂末等废。既瓢、碗、筴、札、熟盂、醝簋悉以一筥盛之，则都篮废。但城邑之中，王公之门，二十四器阙一则茶废矣。

十之图

以绢素，或四幅、或六幅分布写之，陈诸座隅，则茶之源、之具、之造、之器、之煮、之饮、之事、之出、之略目击而存。于是,《茶经》之始终备焉。

煎茶水记

张又新

故刑部侍郎刘公讳伯刍，于又新丈人行也。为学精博，颇有风鉴，称较水之与茶宜者，凡七等：

扬子江南零水第一；

无锡惠山寺石水第二；

苏州虎丘寺石水第三；

丹阳县观音寺水第四；

扬州大明寺水第五；

吴淞江水第六；

淮水最下，第七。

斯七水，余尝俱瓶于舟中，亲挹而比之，诚如其说也。客有熟于两浙者，言搜访未尽，余尝志之。及刺永嘉，过桐庐江，至严子濑，溪色至清，水味甚冷，家人辈用陈黑坏茶泼之，皆至芳香。又以煎佳茶，不可名其鲜馥也，又愈于扬子南零殊远。及至永嘉，取仙岩瀑布用之，亦不下南零，以是知客之说诚哉信矣。夫显理鉴物，今之人信不迨于古人，盖亦有古人所未知，而今人能知之者。

元和九年春，予初成名，与同年生期于荐福寺。余与李德垂先至，憩西厢玄鉴室，会适有楚僧至，置囊有数编书。余偶抽一通览焉，文细密，皆杂记。卷末又一题云《煮茶记》，云代宗朝李季卿刺湖州，至维扬，逢陆处士鸿渐。李素熟陆名，有倾盖之欢，因之赴郡。至扬子驿，将食，李曰："陆君善于茶，盖天下闻名矣。况扬子南零水又殊绝。今日二妙千载一遇，何旷之乎！"命军士谨信者，挈瓶操舟，深诣南零，陆利器以俟之。俄水至，陆以杓扬其水曰："江则江矣。非南零者，似临岸之水。"使曰："某櫂舟深入，见者累百，敢虚绐乎？"陆不言，既而倾诸盆，至半，陆遽止之，又以杓扬之曰："自此南零者矣。"使蹶然大骇，驰下曰："某自南零赍至岸，舟荡覆半，惧其鲜，挹岸水增之。处士之鉴，神鉴也，其敢隐焉！"李与宾从数十人皆大骇愕。李因问陆："既如是，所经历处之水，优劣精可判矣。"陆曰："楚水第一，晋水最下。"李因命笔，口授而次第之：

庐山康王谷水帘水第一；

无锡县惠山寺石泉水第二；

蕲州兰溪石下水第三；

峡州扇子山下有石突然，泄水独清冷，状如龟形，俗云虾蟆口水第四；

苏州虎丘寺石泉水第五；

庐山招贤寺下方桥潭水第六；

扬子江南零水第七；

洪州西山西东瀑布水第八；

唐州柏岩县淮水源第九【淮水亦佳】；

庐州龙池山岭水第十；

丹阳县观音寺水第十一；

扬州大明寺水第十二；

汉江金州上游中零水第十三【水苦】；

归州玉虚洞下香溪水第十四；

商州武关西洛水第十五【未尝泥】；

吴淞江水第十六；

天台山西南峰千丈瀑布水第十七；

郴州圆泉水第十八；

桐庐严陵滩水第十九；

雪水第二十【用雪不可太冷】。

此二十水，余尝试之，非系茶之精粗，过此不之知也。夫茶烹于所产处，无不佳也，盖水土之宜。离其处，水功其半，然善烹洁器，全其功也。李置诸笥焉，遇有言茶者，即示之。又新刺九江，有客李滂、门生刘鲁封，言尝见说茶，余醒然思往岁僧室获是书，因尽箧，书在焉。古人云："泻水置瓶中，焉能辨淄渑。"此言必不可判也，万古以为信然，盖不疑矣。岂知天下之理，未可言至。古人研精，固有未尽，强学君子，孜孜不懈，岂止思齐而已哉。此言亦有裨于劝勉，故记之。

十六汤品

苏　廙

汤者，茶之司命。若名茶而滥汤，则与凡末同调矣。煎以老嫩言者凡三品，自第一至第三。注以缓急言者凡三品，自第四至第六。以器标者共五品，自第七至第十一。以薪论者共五品，自第十二至十六。

第一，得一汤。

火绩已储，水性乃尽，如斗中米，如称上鱼，高低适平，无过不及为度，盖一而不偏杂者也。天得一以清，地得一以宁，汤得一可建汤勋。

第二，婴汤。

薪火方交，水釜才炽，急取旋倾，若婴儿之未孩，欲责以壮夫之事，难矣哉！

第三，百寿汤【一名白发汤】。

人过百息，水逾十沸，或以话阻，或以事废，始取用之，汤已失性矣。敢问皤鬓苍颜之大老，还可执弓抹矢以取中乎？还可雄登阔步以迈远乎？

第四，中汤。

亦见夫鼓琴者也，声合中则失妙；亦见磨墨者也，力合中则失浓。声有缓急则琴亡，力有缓急则墨丧，注汤有缓急则茶败。欲汤之中，臂任其责。

第五，断脉汤。

茶已就膏，宜以造化成其形。若手颤臂亸，惟恐其深，瓶嘴之端，若存若亡，汤不顺通，故茶不匀粹。是犹人之百脉，气血断续，欲寿奚苟，恶毙宜逃。

第六，大壮汤。

力士之把针，耕夫之握管，所以不能成功者，伤于粗也。且一瓯之茗，多不二钱，若盏量合宜，下汤不过六分。万一快泻而深积之，茶安在哉。

第七，富贵汤。

以金银为汤器，惟富贵者具焉。所以策功建汤业，贫贱者有不能遂也。汤器之不可舍金银，犹琴之不可舍桐，墨之不可舍胶。

第八，秀碧汤。

石，凝结天地秀气而赋形者也，琢以为器，秀犹在焉。其汤不良，未之有也。

第九，压一汤。

贵厌金银，贱恶铜铁，则瓷瓶有足取焉。幽士逸夫，品色尤宜。岂不为瓶中之压一乎？然勿与夸珍炫豪臭公子道。

第十，缠口汤。

猥人俗辈，炼水之器，岂暇深择铜铁铅锡，取熟而已。夫是汤也，腥苦且涩。饮之逾时，恶气缠口而不得去。

第十一，减价汤。

无油之瓦，渗水而有土气。虽御胯宸缄，且将败德销声。谚曰："茶瓶用瓦，如乘折脚骏登高。"好事者幸志之。

第十二，法律汤。

凡木可以煮汤，不独炭也。惟沃茶之汤非炭不可。在茶家亦有法律：水忌停，薪忌熏。犯律逾法，汤乖，则茶殆矣。

第十三，一面汤。

或柴中之麸火，或焚余之虚炭，木体虽尽而性且浮，性浮则汤有终嫩之嫌。炭则不然，实汤之友。

第十四，宵人汤。

茶本灵草，触之则败。粪火虽热，恶性未尽。作汤泛茶，减耗香味。

第十五，贼汤【一名贱汤】。

竹筱树梢，风日干之，燃鼎附瓶，颇甚快意。然体性虚薄，无中和之气，为茶之残贼也。

第十六，魔汤。

调茶在汤之淑慝，而汤最恶烟。燃柴一枝，浓烟蔽室，又安有汤耶？苟用此汤，又安有茶耶？所以为大魔。

采茶录

温庭筠

辨

代宗朝，李季卿刺湖州。至维扬，逢陆鸿渐。抵扬子驿，将食，李曰："陆君别茶，闻扬子南零水又殊绝，今者二妙千载一遇。"命军士谨慎者深入南零，陆利器以俟。俄而水至，陆以杓扬水曰："江则江矣，非南零，似临岸者。"使者曰："某棹舟深入，见者累百，敢有绐乎？"陆不言。既而倾诸盆，至半，陆遽止之，又以杓扬之曰："自此南零者矣。"使者蹶然驰白："某自南零赍至岸，舟荡覆过半，惧其鲜，挹岸水增之。处士之鉴，神鉴也。某其敢隐焉！"

李约字存博，汧公子也。一生不近粉黛，雅度简远，有山林之致。性辨茶，能自煎，尝谓人曰："茶须缓火炙，活火煎，活火谓炭火之有焰者。当使汤无妄沸，庶可养茶。始则鱼目散布，微微有声；中则四边泉涌，累累连珠；终则腾波鼓浪，水气全消；谓之老汤三沸之法，非活火不能成也。”客至不限瓯数，竟日热火，执持茶器弗倦。曾奉使行至陕州硖石县东，爱其渠水清流，旬日忘发。

嗜

甫里先生陆龟蒙，嗜茶荈。置小园于顾渚山下，岁入茶租，薄为瓯牺之费。自为品第书一篇，继《茶经》《茶诀》之后。

易

白乐天方斋，禹锡正病酒，禹锡乃馈菊苗、齑、芦菔、鲊，换取乐天六班茶二囊，以自醒酒。

苦

王濛好茶，人至辄饮之。士大夫甚以为苦，每欲候濛，必云：“今日有水厄。”

致

刘琨与弟群书：“吾体中愦闷，常仰真茶，汝可信致之。”

茶 录

蔡 襄

茶 论

色

茶色贵白。而饼茶多以珍膏油【去声】其面，故有青黄紫黑之异。善别茶者，正如相工之视人气色也，隐然察之于内。以肉理润者为上，既已末之，黄白者受水昏重，青白者受水详明，故建安人斗试，以青白胜黄白。

香

茶有真香。而入贡者微以龙脑和膏，欲助其香。建安民间试茶皆不入香，恐夺其真。若烹点之际，又杂珍果香草，其夺益甚。正当不用。

味

茶味主于甘滑。惟北苑凤凰山连属诸焙所产者味佳。隔溪诸山，虽及时加意制作，色味皆重，莫能及也。又有水泉不甘能损茶味。前世之论水品者以此。

藏茶

茶宜箬叶而畏香药，喜温燥而忌湿冷。故收藏之家，以箬叶封裹入焙中，两三日一次，用火常如人体温，温则御湿润。若火多则茶焦不可食。

炙茶

茶或经年，则香色味皆陈。于净器中以沸汤渍之，刮去膏油一两重乃止，以钤钳之，微火炙干，然后碎碾。若当年新茶，则不用此说。

碾茶

碾茶先以净纸密裹捶碎，然后熟碾。其大要：旋碾则色白，或经宿则色已昏矣。

罗茶

罗细则茶浮，粗则沫浮。

候汤

候汤最难。未熟则沫浮，过熟则茶沉。前世谓之蟹眼者，过熟汤也；沉瓶中煮之不可辨，故曰候汤最难。

熁盏

凡欲点茶，先须熁盏令热，冷则茶不浮。

点茶

茶少汤多，则云脚散；汤少茶多，则粥面聚【建人谓之云脚粥面】。钞茶一钱匕，先注汤调令极匀，又添注入，环回击拂。汤上盏可四分则止，视其面色鲜白、着盏无水痕为绝佳。建安斗试，以水痕先者为负，耐久者为胜。故较胜负之说，曰相去一水、两水。

器　论

茶焙

茶焙，织竹为之，裹以箬叶，盖其上以收火也，隔其中以有容也。纳火其下去茶尺许，常温温然，所以养茶色香味也。

茶笼

茶不入焙者，宜密封裹，以箬笼盛之，置高处不近湿气。

砧椎

砧椎，盖以砧茶；砧以木为之，椎或金或铁，取于便用。

茶钤

茶钤，屈金铁为之，用以炙茶。

茶碾

茶碾，以银或铁为之；黄金性柔，铜及鍮石皆能生铣【音星】，不入用。

茶罗

茶罗，以绝细为佳；罗底用蜀东川鹅溪画绢之密者，投汤中揉洗以幂之。

茶盏

茶色白，宜黑盏；建安所造者，绀黑，纹如兔毫，其坯微厚，熁之久热难冷，最为要用。出他处者，或薄，或色紫，皆不及也。其青白盏，斗试自不用。

茶匙

茶匙要重，击拂有力。黄金为上，人间以银铁为之。竹者轻，建茶不取。

汤瓶

瓶要小者，易候汤，又点茶注汤有准。黄金为上，人间以银铁或瓷石为之。

试茶录

子　安

序

瑅首七闽，山川特异，峻极回环，势绝如瓯。其阳多银铜，其阴孕铅铁，厥土赤坟，厥植惟茶。会建而上，群峰益秀，迎抱相向，草木丛条，水多黄金，茶生其间，气味殊美。岂非山川重复，土地秀粹之气钟于是，而物得以宜欤？北苑西距建安之洄溪二十里而近，东至东宫百里而遥【姬名有三十六，东宫其一也】。

过洄溪，逾东宫，则仅能成饼耳，独北苑连属诸山者最胜。北苑前枕溪流，北涉数里，茶皆气弇然，色浊，味尤薄恶，况其远者乎，亦犹橘过淮为枳也。近蔡公作《茶录》亦云："隔溪诸山，虽及时加意制造，色味皆重矣。"今北苑焙，风气亦殊。先春朝脐常雨，霁则雾露昏蒸，昼午犹寒，故茶宜之。茶宜高山之阴，而喜日阳之早。

自北苑凤山南直苦竹园头东南，属张坑头，皆高远先阳处，岁发常早，芽极肥乳，非民间所比。次出壑源岭，高土决地，茶味甲于诸焙。丁谓亦云："凤山高不百丈，无危峰绝崦，而冈阜环抱，气势柔秀，宜乎嘉植灵卉之所发也。"又以："建安茶品，甲于天下。疑山川至灵之卉。天地始和之气。尽此茶矣。又论石乳。出壑岭断崖缺石之间，盖草木之仙骨。"丁谓之记，录建溪茶事详备矣。至于品载，止云北苑壑源岭，及总记官私诸焙千三百三十六耳。近蔡公亦云："唯北苑凤凰山连属诸焙，所产者味佳。"故四方以建茶为目，皆曰北苑。建人以近山所得，故谓之壑源。好者亦取壑源口南诸叶，皆云弥珍绝。传致之间，识者以色味品第，反以壑源为疑。今书所异者，从二公纪土地胜绝之目，具疏园陇百名之异，香味精粗之别，庶知茶于草木为灵最矣。去亩步之间，别移其性。又以佛岭、叶源、沙溪附见，以质二焙之美，故曰《东溪试茶录》。

自东宫西溪，南焙北苑，皆不足品第，今略而不论。

总叙焙名【北苑诸焙，或还民间，或隶北苑，前书未尽，今始终其事】

旧记建安郡官焙三十有八，自南唐岁率六县民采造，大为民间所苦。我宋建隆已来，环北苑近焙，岁取上供，外焙俱还民间而裁税之。至道年中，始分游坑、临江、汾常、西濛州、西小丰、大熟、六焙隶南剑，又免五县茶民，专以建安一县民力裁足之，而除其口率泉。庆历中，取苏口、曾坑、石坑、重院还属北苑焉。又《丁氏旧录》云："官私之焙千三百三十有六，而独记官焙三十二；东山之焙十有四：北苑龙焙一，乳橘内焙二，乳橘外焙三，重院四，壑岭五，渭源六，范源七，苏口八，东宫九，石坑十，建溪十一，香口十二，火梨十三，开山十四；南溪之焙十有二：下瞿一，濛州东二，汾东三，南溪四，斯源五，小香六，际会七，谢坑八，沙龙九，南乡十，中瞿十一，黄熟十二；西溪之焙四：慈善西一，慈善东二，慈惠三，船坑四；北山之焙二：慈善东一，丰乐二。"

北苑【曾坑石坑附】

建溪之焙三十有二，北苑首其一；而园别为二十五，苦竹园头甲之，鼯鼠窠次之，张坑头又次之。苦竹园头连属窠坑，在大山之北。园植北山之阳，大山多修木丛林，郁荫相及。自焙口达源头五里，地远而益高。以园多苦竹，故名曰苦竹，以高远居众山之首，故曰园头。直西定山之隈，土石回向如窠。然南挟泉流，积阴之处而多飞鼠，故曰鼯鼠窠。其下曰小苦竹园，又西至于大园，绝山尾，疏竹蓊翳，昔多飞雉，故曰鸡薮窠。又南出壤园、麦园，言其土壤沃，宜辫麦也。自青山曲折而北，岭势属如贯鱼，凡十有二，又隈曲如窠巢者九，其地利为九窠十二垄。隈深绝数里，曰庙坑，坑有山神祠焉。又焙南直东，岭极高峻，曰教练垄；东入张坑，南距苦竹带北，冈势横直，故曰坑。坑又北出凤凰山，其势中跱，如凤之首，两山相向，如凤之翼，因取象焉。凤凰山东南至于袁云垄，又南至于长坑，又南最高处曰张坑头，言昔有袁氏、张氏居于此，因名其地焉。出袁云之北，平下，故曰平园。绝岭之表，曰西际，其东为东际。焙东之山，萦纡如带，故曰带园。其中曰中历坑，东又曰马鞍山。又东黄淡窠，谓山多黄淡也。绝东为林园，又南曰柢园。又有苏口焙，与北苑不相属，昔有苏氏居之，其园别为四：其最高处曰曾坑，际上又曰尼园，又北曰官坑上园、下坑园。庆历中，始入北苑。岁贡有曾坑上品一斤，丛出于此。曾坑山浅土薄，苗发多紫，复不肥乳，气味殊薄，今岁贡以苦竹园茶充之；而蔡公《茶录》亦不云曾坑者佳。又石坑者，涉溪东北，距焙仅一舍，诸焙绝下。庆历中，分属北苑。园之别有十：一曰大畲，二曰石鸡望，三曰黄园，四曰石坑古焙，五曰重院，六曰彭坑，七曰莲湖，八曰严历，九曰乌石高，十曰高尾。山多古木修林，今为本焙取材之所。园焙岁久，今废不开。二焙非产茶之所，今附见之。

壑源【叶源附】

建安郡东望，北苑之南山，丛然而秀，高峙数百丈，如郛郭焉【民间所谓捍火山也】。其绝顶西南下视，建之地邑【民间谓之望州山】。山起壑源口，而四周抱北苑之群山，迤逦南绝，其尾岿然。山阜高者为壑源头，言壑源岭山自此首也。大山南北，以限沙溪。其东曰壑，水之所出。水出山之南，东北合为建溪。壑源口者，在北苑之东北。南径数里，有僧居，曰承天。有园陇北税官山，其茶甘香，特胜近焙，受水则浑然色重，粥面无泽。道山之南，又西至于章历。章历西曰后坑；西曰连焙，南曰焙山；又南曰新宅，又西曰岭根，言北山之根也。茶多植山之阳，其土赤埴，其茶香少而黄白。岭根有流泉，清浅可涉。涉泉而南，山势回曲，东去如钩，故其地谓之壑岭坑头，茶为胜。绝处又东，别为大窠坑头，至大窠为正壑岭，实为南山。土皆黑埴，茶生山阴，厥味甘香，厥色青白，及受水则淳淳光泽【民间谓之冷粥面】。视其面，涣散如粟。虽去社芽叶过老，色益青明，气益郁然。其止，则苦去而甘至【民间谓之草木大而味大是也】。他焙芽叶过老，色益青浊，气益勃然；甘至，则味去而苦留，为异矣。大窠之东，山势平尽，曰壑岭尾，茶生其间，色黄而味多土气。绝大窠南山，其阳曰林坑，又西南曰壑岭根，其西曰壑岭头。道南山而东，曰穿栏焙，又东曰黄际，其北曰李坑。山渐平下，茶色黄而味短。自壑岭尾之东南，溪流缭绕，冈阜不相连附。极南坞中曰长坑，逾流为叶源。又东为梁坑，而尽于下湖。叶源者，土赤多石。茶生其中，色多黄青，无粥面粟纹而颇明爽。复性重喜沉，为次也。

佛　岭

佛岭连接叶源、下湖之东，而在北苑之东南，隔壑源溪水。道自章阪东际为丘坑，坑口西对壑源，亦曰壑口。其茶黄白而味短。东南曰曾坑【今属北苑】，其正东曰后历。曾坑之阳曰佛岭，又东至于张坑，又东曰李坑。又有硬头、后洋、苏池、苏源、郭源、南源、毕源、苦竹坑、岐头、槎头，皆周环佛岭之东南。茶少甘而多苦，色亦重浊。又有箦源【箦音胆，未详此字】、石门、江源、白沙，皆在佛岭之东北。茶泛然缥尘色而不鲜明，味短而香少，为劣耳。

沙　溪

沙溪去北苑西十里，山浅土薄，茶生则叶细，芽不肥乳。自溪口诸焙，色黄而土气。自龚漈南曰挺头，又西曰章坑，又南曰永安，西南曰南坑漈，其西曰砰溪。又有周坑、范源、温汤漈、厄源、黄坑、石龟、李坑、章坑、章村、小梨，皆属沙溪。茶大率气味全薄，其轻而浮，浡浡如土色。制造亦殊壑源者，不多留膏，盖以去膏尽，则味少而无泽也【茶之面无光泽也】，故多苦而少甘。

茶名【茶之名类殊别，故录之】

茶之名有七：

一曰白叶茶，民间大重，出于近岁，园焙时有之。地不以山川远近，发不以社之先后，芽叶如纸，民间以为茶瑞。取其第一者为斗茶，而气味殊薄，非食茶之比。今出壑源之大窠者六【叶仲元、叶世万、叶世荣、叶勇、叶世积、叶相】，壑源岩下一【叶务滋】，源头二【叶团、叶肱】，壑源后坑【叶久】、壑源岭根三【叶公、叶品、叶居】，林坑、黄漈一【游容】，丘坑一【游用章】，毕源一【王大照】，佛岭尾一【游道生】，沙溪之大梨漈上一【谢汀】，高石岩一【云擦院】，大梨一【吕演】，砰溪岭根一【任道者】。

次有甘叶茶，树高丈余，径头七八寸，叶厚而圆，状类柑橘之叶。其芽发即肥乳，长二寸许，为食茶之上品。

三曰早茶，亦类柑叶，发常先春，民间采制为试焙者。

四曰细叶茶，叶比柑叶细薄，树高者五六尺，芽短而不乳，今生沙溪山中，盖土薄而不茂也。

五曰稽茶，叶细而厚密，芽晚而青黄。

六曰晚茶，盖鸡茶之类，发比诸茶晚，生于社后。

七曰丛茶，亦曰蘖茶，丛生，高不数尺，一岁之间，发者数四。贫民取以为利。

采茶【辨茶须知制造之始，故次】

建溪茶比他郡最先，北苑、壑源者尤早。岁多暖，则先惊蛰十日即芽；岁多寒，则后惊蛰五日始发。先芽者气味俱不佳，唯过惊蛰者最为第一。民间常以惊蛰为候。诸焙后北苑者半月，去远则益晚。凡采茶必以晨兴，不以日出。日出露晞，为阳所薄，则使芽之膏腴泣耗于内，茶及受水而不鲜明，故常以早为最。凡断芽必以甲，不以指。以甲则速断不柔，以指则多温易损。择之必精，濯之必洁，蒸之必香，火之必良；一失其度，俱为茶病。

民间常以春阴为采茶得时，日出而采，则芽叶易损，建人谓之采摘不鲜，是也。

茶病【试茶辨味，必须知茶之病，故又次之】

芽，择肥乳则甘香而粥面，着盏而不散。土瘠而芽短，则云脚涣乱，去盏而易散。叶梗半，则受水鲜；白叶梗短，则色黄而泛。

梗，谓芽之身；除去白合处，茶民以茶之色味俱在梗中。乌带、白合，茶之大病。不去乌带，则色黄黑而恶；不去白合，则味苦涩。丁谓之论备矣。

蒸芽必熟，去膏必尽；蒸芽未熟，则草木气存，适口则知；去膏未尽，则色浊而味重，受烟则香夺，压黄则味失。此皆茶之病也。受烟，谓过黄时火中有烟，使茶香尽而烟臭不去也。压去膏之时久留茶黄未造，使黄经宿，香味俱失，弇然气如假鸡卵臭也。

大观茶论

宋徽宗

序

尝谓首地而倒生，所以供人求者，其类不一。谷粟之于饥，丝枲之于寒，虽庸人孺子，皆知常须而日用，不以岁时之舒迫而可以兴废也。至若茶之为物，擅瓯闽之秀气，钟山川之灵禀，祛襟涤滞，致清导和，则非庸人孺子可得而知矣；冲澹闲洁，韵高致静，则非遑遽之时可得而好尚矣。

本朝之兴，岁修建溪之贡，龙团凤饼名冠天下，而壑源之品亦自此而盛。延及于今，百废俱举，海内晏然，垂拱密勿，幸致无为。缙绅之士，韦布之流，沐浴膏泽，熏陶德化，咸以雅尚相推，从事茗饮。故近岁以来，采择之精，制作之工，品第之胜，烹点之妙，莫不盛造其极。

且物之兴废，固自有时，然亦系乎时之污隆。时或遑遽，人怀劳悴，则向所谓常须而日用，犹且汲汲营求，惟恐不获，饮茶何暇议哉！世既累洽，人恬物熙，则常须而日用者固久厌饫狼藉；而天下之士，励志清白，竞为闲暇修索之玩，莫不碎玉锵金，啜英咀华。较筐筥之精，争鉴裁之别，虽下士于此时不以蓄茶为羞，可谓盛世之清尚也。

呜呼！至治之世，岂惟人得以尽其材，而草木之灵者，亦得以尽其用矣。偶因暇日，研究精微所得之妙，后人有不自知为利害者，叙本末，列于二十篇，号曰《茶论》。

地　产

植产之地，崖必阳，圃必阴。盖石之性寒，其叶抑以瘠，其味疏以薄，必资阳和以发之。土之性敷，其叶疏以暴，其味强以肆，必资阴荫以节之。【今圃家皆植木以资茶之阴。】阴阳相济，则茶之滋长得其宜。

天　时

茶工，作于惊蛰，尤以得天时为急。轻寒，英华渐长，条达而不迫，茶工从容致力，故其色味两全。若或时旸郁燠，芽甲奋暴，促工暴力，随槁晷刻所迫，有蒸而未及压，压而未及研，研而未及制，茶黄留积，其色味所失已半。故焙人得茶天为庆。

采　择

撷茶以黎明，见日则止。用爪断芽，不以指揉，虑气汗熏渍，茶不鲜洁；故茶工多以新汲水自随，得芽则投诸水。凡芽如雀舌、谷粒者为斗品，一枪一旗为拣芽，一枪二旗为次之，余斯为下。茶之始芽萌，则有白合；既撷，则有乌带。白合不去，害茶味；乌带不去，害茶色。

蒸　压

茶之美恶，尤系于蒸芽、压黄之得失。蒸太生，则芽滑，故色清而味烈；过熟，则芽烂，故茶色赤而不胶。压久，则气竭味漓；不及，则色暗味涩。蒸芽，欲及熟而香；压黄，欲膏尽亟止。如此，则制造之功十已得七八矣。

制　造

涤芽惟洁，濯器惟净，蒸压惟其宜，研膏惟热，焙火惟良。饮而有少砂者，涤濯之不精也；文理燥赤者，焙火之过熟也。夫造茶，先度日晷之长短，均工力之众寡，会采择之多少，使一日造成，恐茶过宿，则害色味。

鉴　辨

茶之范度不同，如人之有首面也。膏稀者，其肤蹙以文；膏稠者，其理歛以实；即日成者，其色则青紫；越宿制造者，其色则惨黑。有肥凝如赤蜡者，末虽白，受汤则黄；有缜密如苍玉者，末虽灰，受汤愈白。有光华外暴而中暗者，有明白内备而表质者，其首面之异同，难以概论。要之，色莹彻而不驳，质缜绎而不浮，举之凝结，碾之则铿然，可验其为精品也。有得于言意之表者，可以心解；又有贪利之民，购求外焙已采之芽，假以制造，碎已成之饼，易以范模；虽名氏采制似之，其肤理、色泽何所逃于鉴赏哉。

白　茶

白茶自为一种，与常茶不同。其条敷阐，其叶莹薄。崖林之间，偶然生出，盖非人力所可致。正焙之有者不过四五家，生者不过一二株，所造止于二三胯而已。芽英不多，尤难蒸焙；汤火一失，则已变而为常品。须制造精微，运度得宜，则表里昭彻，如玉之在璞，它无与伦也。浅焙亦有之，但品格不及。

罗　碾

碾以银为上，熟铁次之；生铁者，非掏拣捶磨所成，间有黑屑藏于隙穴，害茶之色尤甚。凡碾为制，槽欲深而峻，轮欲锐而薄。

槽深而峻，则底有准而茶常聚；轮锐而薄，则运边中而槽不戛。罗欲细而面紧，则绢不泥而常透。碾必力而速，不欲久，恐铁之害色。罗必轻而平，不厌数，庶已细者不耗。惟再罗，则入汤轻泛，粥面光凝，尽茶之色。

盏

盏色贵青黑，玉毫条达者为上，取其焕发茶采色也。底必差深而微宽；底深则茶直立而易于取乳，宽则运筅旋彻不碍击拂。然须度茶之多少，用盏之大小；盏高茶少，则掩蔽茶色；茶多盏小，则受汤不尽。盏惟热，则茶发立耐久。

筅

茶筅以筋竹老者为之。身欲厚重，筅欲疏劲，本欲壮而末必眇，当如剑脊之状。盖身厚重，则操之有力而易于运用；筅疏劲如剑脊，则击拂虽过而浮沫不生。

瓶

瓶宜金银。小大之制，惟所裁给。注汤害利，独瓶之口嘴而已。嘴之口，欲大而宛直，则注汤力紧而不散；嘴之末，欲圆小而峻削，则用汤有节而不滴沥。盖汤力紧则发速有节，不滴沥则茶面不破。

杓

杓之大小，当以可受一盏茶为量。过一盏则必归其余，不及则必取其不足。倾杓烦数，茶必冰矣。

水

水以清轻甘洁为美。轻甘乃水之自然，独为难得。古人品水，虽曰中泠、惠山为上，然人相去之远近，似不常得。但当取山泉之清洁者；其次，则井水之常汲者为可用。若江河之水，则鱼鳖之腥，泥泞之污，虽轻甘无取。凡用汤以鱼目、蟹眼连绎迸跃为度，过老则以少新水投之，就火顷刻而后用。

点

点茶不一。而调膏继刻，以汤注之，手重筅轻，无粟文蟹眼者，谓之静面点。盖击拂无力，茶不发立，水乳未浃，又复增汤，色泽不尽，英华沦散，茶无立作矣。有随汤击拂，手筅俱重，立文泛泛，谓之一发点。盖用汤已故，指腕不圆，粥面未凝，茶力已尽，云雾虽泛，水脚易生。妙于此者，量茶受汤，调如融胶。环注盏畔，勿使侵茶，势不欲猛，先须搅动茶膏，渐加击拂。手轻筅重，指绕腕旋，上下透彻，如酵蘖之起面。疏星皎月，粲然而生，则茶面根本立矣。第二汤自茶面注之，周回一线，急注急止，茶面不动，击拂既力，色泽渐开，珠玑磊落。三汤多置如前，击拂渐贵轻匀，周环旋复，表里洞彻，粟文蟹眼，泛结杂起，茶之色，十已得其六七。四汤尚啬，筅欲转稍，宽而勿速，其真精华彩，既已焕然，轻云渐生。五汤乃可稍纵，筅欲轻匀而透达，如发立未尽，则击以作之；发立已过，则拂以敛之。结浚霭、结凝雪，茶色尽矣。六汤以观立，作乳点勃结则以筅著居，缓绕拂动而已。七汤以分轻清重浊，相稀稠得中，可欲则止。乳雾汹涌，溢盏而起，周回凝而不动，谓之咬盏。宜匀其轻清浮合者饮之。《桐君录》曰："茗有饽，饮之宜人。"虽多不为过也。

味

夫茶以味为上，香、甘、重、滑为味之全，惟北苑、壑源之品兼之。其味醇而乏风骨者，蒸压太过也。茶枪，乃条之始萌者，木性酸；枪过长，则初甘重而终微涩。茶旗，乃叶之方敷者，叶味苦；旗过老，则初虽留舌而饮彻反甘矣。此则芽胯有之，若夫卓绝之品，真香灵味，自然不同。

香

茶有真香，非龙麝可拟。要须蒸及熟而压之，及干而研，研细而造，则和美具足，入盏则馨香四达，秋爽洒然。或蒸气如桃人夹杂，则其气酸烈而恶。

色

点茶之色，以纯白为上真，青白为次，灰白次之，黄白又次之。天时得于上，人力尽于下，茶必纯白。天时暴暄，芽萌狂长，采造留积，虽白而黄矣。青白者蒸压微生，灰白者蒸压过熟。压膏不尽，则色青暗。焙火太烈，则色昏赤。

藏　焙

数焙则首面干而香减，失焙则杂色剥而味散。要当新芽初生，即焙以去水陆风湿之气。焙用熟火置炉中，以静灰拥合七分，露火三分，亦以轻灰糁覆，良久即置焙篓上，以逼散焙中润气。然后列茶于其中，尽展角焙，未可蒙蔽，候火速彻覆之。火之多少，以焙之大小增减。探手炉中，火气虽热，而不至逼人手者为良。时以手挼茶，体虽甚热而无害，欲其火力通彻茶体尔。或曰焙火如人体温，但能燥茶皮肤而已。内之湿润未尽，则复蒸暍矣。焙毕，即以用久竹漆器中缄藏之。阴润勿开，终年再焙，色常如新。

品 名

名茶各以圣产之地。叶如：耕之平园台星岩叶，刚之高峰青凤髓叶，思纯之大岚叶，屿之屑山叶，五崇林之罗汉上水桑芽叶，坚之碎石窠石臼窠【一作穴巢】叶、琼叶，辉之秀皮林叶，师复、师贶之虎岩叶，椿之无又岩芽叶，懋之老窠园叶……各擅其美，未尝混淆，不可概举。后相争相鬻，互为剥窃，参错无据。不知茶之美恶，在于制造之工拙而已，岂岗地之虚名所能增减哉。焙人之茶，固有前优而后劣者，昔负而今胜者，是亦园地之不常也。

外 焙

世称外焙之茶脔小而色驳，体耗而味淡。方正之焙，昭然则可。近之好事者，筴笥之中，往往半之蓄外焙之品。盖外焙之家，久而益工，制之妙，咸取则于壑源。效像规模摹外为正，殊不知其脔虽等而蔑风骨，色泽虽润而无藏蓄，体虽实而缜密乏理，味虽重而涩滞乏香，何所逃乎外焙哉！虽然，有外焙者，有浅焙者，盖浅焙之茶，去壑源为未远。制之能工则色亦莹白，击拂有度则体亦立汤，惟甘重香滑之味稍远于正焙耳。于治外焙，则迥然可辨。其有甚者，又至于采柿叶、桴榄之萌，相杂而造。味虽与茶相类，点时隐隐如轻絮，泛然茶面，粟文不生，乃其验也。桑苎翁曰："杂以卉莽，饮之成病。"可不细鉴而熟辨之？

宣和北苑贡茶录

熊　蕃

陆羽《茶经》裴汶《茶述》者，皆不第建品。说者但谓二子未尝至建，而不知物之发也固自有时。盖昔者山川尚闷，灵芽未露。至于唐末，然后北苑出为之最。是时，伪蜀时词臣毛文锡作《茶谱》，亦第言建有紫笋，而蜡面乃产于福。五代之季，建属南唐。【南唐保大三年，俘王延政，而得其地。】岁率诸县民，采茶北苑，初造研膏，继造蜡面。【丁晋公《茶录》载：泉南老僧清锡，年八十四，尝示以所得李国主书寄研膏茶，隔两岁方得蜡面。此其实也。至景祐中，监察御史丘荷撰《御泉亭记》，乃云，唐季敕福建罢贡橄榄，但贽蜡面茶，即蜡面产于建安明矣。荷不知蜡面之号始于福，其后建安始为之。】既又制其佳者，号曰京铤。【其状如贡神金、白金之铤。】圣朝开宝末，下南唐；太平兴国初，特置龙凤模，遣使即北苑造团茶，以别庶饮，龙凤茶盖始于此。又一种茶，丛生石崖，枝叶尤茂，至道初，有诏造之，别号石乳。又一种号的乳。又一种号白乳。盖自龙凤与京、石、的、白四种绍出，而蜡面降为下矣。【杨文公亿《谈苑》所记，龙茶以供乘舆及赐执政、亲王、长主，其余皇族、学士、将帅皆得凤茶，舍人、近臣赐金铤、的乳，而白乳赐馆阁，惟蜡面不在赐品。】盖龙凤等茶，皆太宗朝所制。至咸平初，丁晋公漕闽，始载之于《茶录》。【人多言龙凤团起于晋公，故张氏《画墁录》云："晋公漕闽，始创为龙凤团。"此说得于传闻，非其实也。】庆历中，蔡君谟将漕，创小龙团以进，被旨仍岁贡之。【君谟《北苑造茶诗》自序云：其年改造上品龙茶二十八片，才一斤，尤极精妙，被旨仍岁贡之。欧阳文忠公《归田录》云："茶之品莫贵于龙凤，谓之小团，凡二十八片，重一斤，其价直金二两。然金可有，而茶不可得，尝南郊致斋，两府共赐一饼，四人分之。宫人往往镂金花其上，盖贵重如此。"】自小团出，而龙凤遂为次矣。元丰间，有旨造密云龙，其品又加于小团之上。【昔人诗云"小璧云龙不入香，元丰龙焙乘诏作"，盖谓此也。】绍圣间，改为瑞云翔龙。至大观初，今上亲制《茶论》二十篇，以白茶者与常茶不同，偶然生出，非人力可致，于是白茶遂为第一。【庆历初，吴兴刘异为《北苑拾遗》，云："官园中有白茶五六株，而壅焙不甚至。茶户唯有王免者，家一巨株，向春常造浮屋以障风日。"其后有宋子安者，作《东溪试茶录》，亦言："白茶民间大重，出于近岁。芽叶如纸，建人以为茶瑞。"则知白茶可贵，自庆历始，至大观而盛也。】既又制三色细芽，及试新銙，【大观二年，造御苑玉芽、万寿龙芽。四年，又造无比寿芽及试新銙。】贡新銙。【政和三年造贡新銙式，新贡皆创为此，献在岁额之外。】自三色细芽出，而瑞云、翔龙顾居下矣。凡茶芽数品，最上曰小芽，如雀舌鹰爪，以其劲直纤挺，故号芽茶。次曰拣芽，乃一芽带一叶者，号一枪一旗。次曰中芽，乃一芽带两叶者，号一枪两旗。其带三叶四叶，皆渐老矣。芽茶早春极少。

景德中，建守周绛为《补茶经》，言："芽茶只作早茶，驰奉万乘尝之可矣。如一枪一旗，可谓奇茶也。”故一枪一旗，号拣芽，最为挺特光正。舒王《送人官闽中》诗云“新茗斋中试一旗”，谓拣芽也。或者乃谓茶芽未展为枪，已展为旗，指舒王此诗为误，盖不知有所谓拣芽也。【今上圣制《茶论》曰：“一旗一枪为拣芽。”又见王岐公珪诗云：“北苑和香品最精，绿芽未雨带旗新。”故相韩康公绛诗云：“一枪已笑将成叶，百草皆羞未敢花。”此皆咏拣芽，与舒王之意同。】夫拣芽犹贵重如此，而况芽茶以供天子之新尝者乎！芽茶绝矣。至于水芽，则旷古未之闻也。宣和庚子岁，漕臣郑公可简始创为银线水芽。盖将已拣熟芽再剔去，只取其心一缕，用珍器贮清泉渍之，光明莹洁，若银线然。以制方寸新銙，有小龙蜿蜒其上，号龙团胜雪。又废白、的、石三乳，鼎造花銙二十余色。初，贡茶皆入龙脑。【蔡君谟《茶录》云：“茶有真香，而入贡者微以龙脑和膏，欲助其香。”】至是虑夺真味，始不用焉。盖茶之妙，至胜雪极矣，故合为首冠。然犹在白茶之次者，以白茶上之所好也。异时，郡人黄儒撰《品茶要录》，极称当时灵芽之富，谓使陆羽数子见之必爽然自失。蕃亦谓使黄君而阅今日，则前乎此者，未足诧焉。然龙焙初兴，贡数殊少，【太平兴国初，才贡五十斤。】累增至元符，以片计者一万八千，视初已加数倍，而犹未盛。今则为四万七千一百片有奇矣【此数皆见范逵所著《龙焙美成茶录》。逵，茶官也】。白茶、胜雪以次，厥名实繁，今列于左，使好事者得以观焉：

贡新銙，大观二年造。

试新銙，政和二年造。

白茶，政和三年造。

龙团胜雪，宣和二年造。

御苑玉芽，大观二年造。

万寿龙芽，大观二年造。

上林第一，宣和二年造。

乙夜清供，宣和二年造。

承平雅玩，宣和二年造。

龙凤英华，宣和二年造。

玉除清赏，宣和二年造。

启沃承恩，宣和二年造。

雪英，宣和三年造。

云叶，宣和三年造。

蜀葵，宣和三年造。

金钱，宣和三年造。

玉华，宣和二年造。

寸金，宣和三年造。

无比寿芽，大观四年造。

万春银叶，宣和二年造。

宜年宝玉，宣和三年造。

玉清庆云，宣和二年造。

无疆寿龙，宣和二年造。

玉叶长春，宣和四年造。

瑞云翔龙，绍圣二年造。

长寿玉圭，政和二年造。

兴国岩銙、香口焙銙、上品拣芽，绍圣二年造。

新收拣芽、太平嘉瑞，政和二年造。

龙苑报春，宣和四年造。

南山应瑞，宣和四年造。

兴国岩拣芽、兴国岩小龙、兴国岩小凤【已上号细色】，拣芽、小龙、小凤、大龙、大凤【已上号粗色】。

又有琼林毓粹、浴雪呈祥、壑源拱秀、贡篚推先、价倍南金、旸谷先春、寿岩都胜、延平石乳、清白可鉴、风韵甚高，凡十色，皆宣和二年所制，越五岁省去。

右岁分十余纲。惟白茶与胜雪，自惊蛰前兴役，浃日乃成。飞骑疾驰，不出仲春，已至京师，号为头纲。玉芽以下，即先后以次发。逮贡足时，夏过半矣。欧阳文忠公诗曰："建安三千五百里，京师三月尝新茶。"盖异时如此。以今较昔，又为最早。因念草木之微，有瑰奇卓异，亦必逢时而后出，而况为士者哉！昔昌黎先生感二鸟之蒙采擢，而悼其不如。今蕃于是茶也，焉敢效昌黎之感赋？姑务自警，而坚其守，以待时而已。

三十八图

贡新銙，竹圈银模，方一寸二分。

试新銙，竹圈，同上。

龙团胜雪，竹圈银模，同上。

白茶，银圈银模，径一寸五分。

御苑玉芽，银圈银模，径一寸五分。

万寿龙芽，银圈银模，同上。

上林第一，方一寸二分。

乙夜清供，竹圈，同上。

承平雅玩、龙凤英华、玉除清赏、启沃承恩，同上。

雪英，横长一寸五分。

云叶，同上。

蜀葵，径一寸五分。

金钱，银模，同上。

玉华，银模，横长一寸五分。

寸金，竹圈，方一寸二分。

无比寿芽，银模竹圈，同上。

万春银叶，银模银圈，两尖径二寸二分。

宜年宝玉，银圈银模，直长三寸。

玉清庆云，银模银圈，方一寸八分。

无疆寿龙，银模竹圈，直长一寸。

玉叶长春，竹圈，直长三寸六分。

瑞云翔龙，银模铜圈，径二寸五分。

长寿玉圭，银模，直长三寸。

兴国岩镑，竹圈，方一寸二分。

香口焙銙，竹圈，同上。

上品拣芽，银模铜圈。

新收拣芽，银模银圈，同上。

太平嘉瑞，银圈，径一寸五分。

龙苑报春，径一寸七分。

南山应瑞，银模银圈，方一寸八分。

兴国岩拣芽，银模径三寸。

小龙、小凤，银模铜圈，同上。

大龙，银模铜圈。

大凤，银模铜圈。

先人作《茶录》，当贡品极盛之时，凡有四十余色。绍兴戊寅岁，克摄事北苑，阅近所贡皆仍旧，其先后之序亦同，惟跻龙团胜雪于白茶之上，及无兴国岩、小龙、小凤。盖建炎南渡，有旨罢贡三之一，而省去也。先人但著其名号，克今更写其形制，庶览之者无遗恨焉。先是，壬子春漕司再葺茶政，越十三载，乃复旧额。且用政和故事，补种茶二万株【政和间，曾种三万株】。次年益虔贡职，遂有创增之目。仍改京鋌为大龙团，由是大龙多于大凤之数。凡此皆近事，或者犹未之知也。先人又尝作贡茶歌十首，读之可想见异时之事，故并取以附于末。

北苑贡茶最盛，然前辈所录，止于庆历以上。自元丰之密云龙、绍圣之瑞云龙相继挺出，制精于旧，而未有好事者记焉，但见于诗人句中。及大观以来，增创新锜，亦犹用拣芽。盖水芽至宣和始名，故龙园胜雪与白茶角立，岁充首贡。复自御苑玉芽以下，厥名实繁。先子亲见时事，悉能记之，成编具存。今闽中漕台新刊《茶录》，未备此书。庶几补其阙云。

淳熙九年冬十二月四日，朝散郎行秘书郎兼国史编修官学士院权直熊克谨记。

品茶要录

黄　儒

序

说者常怪陆羽《茶经》不第建安之品，盖前此茶事未甚兴，灵芽真笋，往往委翳消腐，而人不知惜。自国初已来，士大夫沐浴膏泽，咏歌升平之日久矣。夫体势洒落，神观冲淡，惟兹茗饮为可喜。园林亦相与摘英夸异，制卷鬻新而趋时之好，故殊绝之品始得自出于蓁莽之间，而其名遂冠天下。借使陆羽复起，阅其金饼，味其云腴，当爽然自失矣。因念草木之材，一有负瑰伟绝特者，未尝不遇时而后兴，况于人乎！然士大夫间为珍藏精试之具，非会雅好真，未尝辄出。其好事者，又常论其采制之出入、器用之宜否、较试之汤火、图于缣素、传玩于时，独未有补于赏鉴之明尔。盖园民射利，膏油其面，色品味易辨而难详。予因阅收之暇，为原采造之得失，较试之低昂，次为十说，以中其病，题曰《品茶要录》云。

一、采造过时

茶事起于惊蛰前，其采芽如鹰爪，初造曰试焙，又曰一火。其次曰二火，二火之茶，已次一火矣。故市茶芽者，惟同出于三火前者为最佳。尤喜薄寒气候，阴不至于冻。【芽发时尤畏霜，有造于一火二火皆遇霜，而三火霜霁，则三火之茶胜矣。】晴不至于暄，则谷芽含养约勒而滋长有渐，采工亦优为矣。凡试时泛色鲜白，隐于薄雾者，得于佳时而然也。有造于积雨者，其色昏黄；或气候暴暄，茶芽蒸发，采工汗手熏渍，拣摘不给，则制造虽多，皆为常品矣。试时色非鲜白、水脚微红者，过时之病也。

二、白合盗叶

茶之精绝者曰斗曰亚斗，其次拣芽。茶芽，斗品虽最上，园户或止一株，盖天材间有特异，非能皆然也。且物之变势无常，而人之耳目有尽，故造斗品之家，有昔优而今劣、前负而后胜者。虽人工有至有不至，亦造化推移不可得而擅也。其造，一火曰斗，二火曰亚斗，不过十数铸而已。拣芽则不然，遍园陇中择其精英者耳。其或贪多务得，又滋色泽，往往以白合盗叶间之。试时色虽鲜白，其味涩淡者，间白合盗叶之病也。【一鹰爪之芽，有两小叶抱而生者，白

合也。新条叶之初生而色白者，盗叶也。造拣芽常剔取鹰爪，而白合不用，况盗叶乎。】

三、入杂

物固不可以容伪，况饮食之物，尤不可也。故茶有入他叶者，建人号为“入杂”。銙列入柿叶，常品入桴榄叶。二叶易致，又滋色泽，园民欺售直而为之。试时，无粟纹甘香，盏面浮散，隐如微毛，或星星如纤絮者，入杂之病也。善茶品者，侧盏视之，所入之多寡，从可知矣。向上下品有之，近虽銙列，亦或勾使。

四、蒸不熟

谷芽初采，不过盈筐而已，趣时争新之势然也。既采而蒸，既蒸而研。蒸有不熟之病，有过熟之病。蒸不熟，则虽精芽，所损已多。试时色青易沉，味为桃仁之气者，不蒸熟之病也。惟正熟者，味甘香。

五、过熟

茶芽方蒸，以气为候，视之不可以不谨也。试时色黄而粟纹大者，过熟之病也。然虽过熟，愈于不熟，甘香之味胜也。故君谟论色，则以青白胜黄白；余论味，则以黄白胜青白。

六、焦釜

茶，蒸不可以逾久，久而过熟，又久则汤干而焦釜之气出。茶工有注新汤以益之，是致蒸损茶黄。试时色多昏黯，气焦味恶者，焦釜之病也【建人号为热锅气】。

七、压黄

茶已蒸者为黄，黄细，则已入卷模制之矣。盖清洁鲜明，则香色如之。故采佳品者，常于半晓间冲蒙云雾，或以罐汲新泉悬胸间，得必投其中，盖欲鲜也。其或日气烘烁，茶芽暴长，工力不给，其采芽已陈而不及蒸，蒸而不及研，研或出宿而后制，试时色不鲜明，薄如坏卵气者，压黄之病也。

八、渍膏

茶饼光黄，又如荫润者，榨不干也。榨欲尽去其膏，膏尽则有如干竹叶，乏意味。唯饰首面者，故榨不欲干，以利易售。试时色虽鲜白，其味带苦者，渍膏之病也。

九、伤焰

夫茶，本以芽叶之物就之卷模，既出卷，上笪焙之，用火务令通熟。即以灰覆之，虚其中，以热火气。然茶民不喜用实炭，号为冷火，以茶饼新湿，欲速干以见售，故用火常带烟焰。烟焰既多，稍失看候，以故熏损茶饼。试时其色昏红，气味带焦者，伤焰之病也。

十、辨壑源沙溪

壑源、沙溪，其地相背，而中隔一岭，其去无数里之远，然茶产顿殊。有能出力移植之，亦为土气所化。窃尝怪茶之为草，一物尔，其势必由得地而后异；岂水络地脉，偏钟粹于壑源？抑御焙占此大冈巍陇，神物伏护，得其余荫耶？何其甘芳精至而美擅天下也。观夫春雷一惊，筠笼才起，售者已担簦挈橐于其门，或先期而散留金钱，或茶才人笪而争酬所直。故壑源之茶常不足客所求，其有桀滑之园民，阴取沙溪茶黄杂就家卷而制之。人徒趋其名，睨其规模之相若，不能原其实者，盖有之矣。凡壑源之茶售以十，则沙溪之茶售以五，其直大率仿此。然沙溪之园民，亦勇于为利，或杂以松黄，饰其首面。凡肉理怯薄，体轻而色黄，试时虽鲜白不能久泛、香薄而味短者，沙溪之品也。凡肉理实厚，体坚而色紫，试时泛盏凝久、香滑而味长者，壑源之品也。

后　论

余尝论茶之精绝者，其白合未升，其细如麦，盖得青阳之轻清者也。又其山多带砂石而号嘉品者，皆在山南，盖得朝阳之和者也。余尝事闲，乘晷景之明净，适轩亭之潇洒，一一皆取品试，既而神水生于华池，愈甘而新，其有助乎？然建安之茶，散人下者不为也，而得建安之精品不善矣。盖有得之者，亦不能辨。或不善于烹试矣，或非其时，犹不善也，况非其宾乎？然未有主贤而宾愚者也。夫惟知此，然后尽茶之事。昔者陆羽号为知茶，然羽之所知者，皆今之所谓草茶。何哉？如鸿渐所论“蒸笋并叶，畏流其膏”，盖草茶味短而淡，故常恐去膏；建茶力厚而甘，故惟欲去膏。又论福建为“未详”，“往往得之，其味极佳”。由是观之，鸿渐未尝到建安欤？

北苑别录

无名氏

序

建安之东三十里，有山曰凤凰。其下直北苑，帝联诸焙。厥土赤壤，厥茶惟上上。太平兴国中，初为御焙，岁模龙凤，以羞贡篚，盖表珍异。庆历中，漕台益重其事，品数日增，制度日精。厥今茶自北苑上者，独冠天下，非人间所可得也。方其春虫震蛰，群夫雷动，一时之盛，诚为大观。故建人谓至建安而不诣北苑，与不至者同。仆因摄事，遂得研究其始末。姑摭其大概，修为十余类目，曰《北苑别录》云。

御园

儿窠十二陇	麦窠	壤园	龙游窠	小苦竹	苦竹里
鸡薮窠	苦竹	苦竹园	鼯鼠窠	教练陇	凤凰山
大小焊	横坑	猿游陇	张坑	带园	焙东
中历	东际	西际	官平	石碎窠	上下官坑
虎膝窠	楼陇	蕉窠	新园	夫楼基	阮坑
曾坑	黄际	马安山	林园	和尚园	黄淡窠
吴彦山	罗汉山	水桑窠	铜场	师姑园	灵滋
范马园	高畲	大窠头	小山		

右四十六所，广袤三十余里。自官平而上为内园，官坑而下为外园。方春，灵芽萌坼，先民焙十余日。如九窠十二陇、龙游窠、小苦竹、张坑、西际，又为禁园之先也。

开焙

惊蛰节万物始萌，每岁常以前三日开焙。遇闰则后之，以其气候少迟故也。

采茶

采茶之法，须是侵晨，不可见日。侵晨则夜露未晞，茶芽斯润；见日则为阳气所薄，使芽之膏腴内耗，至受水而不鲜明。故每日常以五更挝鼓，集群夫于凤凰山【山有打鼓亭】。监采官人给一牌，入山，至辰刻则复鸣锣以聚之，恐其逾时贪多务得也。大抵采茶亦须习熟，募夫之际，必择土著及谙晓之人。非特识茶发早晚所在，而于采摘亦知其指要。盖以指而不以甲，则多温而易损；以甲而不以指，则速断而不柔【从旧说也】。故采夫欲其习熟，政为是耳【采夫日役二百二十二人】。

拣　茶

茶，有小芽、有中芽、有紫芽、有白合、有乌蒂，不可不辨。小芽者，其小如鹰爪，初造龙团、胜雪、白茶，以其芽先次蒸熟，置之水盆中，剔取其精英，仅如针小，谓之水芽。是小芽中之最精者也。中芽，古谓之一枪二旗是也。紫芽，叶之紫者是也。白合，乃小芽有两叶抱而生者是也。乌蒂，茶之蒂头是也。凡茶以水芽为上，小芽次之，中芽又次之；紫芽、白合、乌蒂，皆在所不取。使其择焉而精，则茶之色味无不佳。万一杂之以所不取，则首面不均，色浊而味重也。

蒸　茶

茶芽再四洗涤，取令洁净。然后入甑，俟汤沸，蒸之。然蒸有过熟之患，有不熟之患。过熟则色黄而味淡，不熟则色青易沉，而有草木之气。唯在得中为当也。

榨 茶

茶既熟，谓“茶黄”。须淋洗数过【欲其冷也】，方入小榨以去其水。又入大榨出其膏【水芽则以高榨压之，以此芽嫩故也】。先是包以布帛，束以竹皮，然后入大榨压之，至中夜，取出，揉匀，复如前入榨，谓之翻榨。彻晓奋击，必至于干净而后已。盖建茶味远而力厚，非江茶之比。江茶畏沉其膏，建茶唯恐其膏之不尽；膏不尽，则色味重浊矣。

研 茶

研茶之具，以柯为杵，以瓦为盆，分团酌水，亦皆有数。上而胜雪、白茶以十六水，下而拣芽之水六，小龙凤四，大龙凤二，其余皆以十二焉。自十二水而上，曰研一团。自六水而下，曰研三团至七团。每水研之，必至于水干茶熟而后已。水不干，则茶不熟；茶不熟，则首面不匀，煎试易沉。故研夫尤贵于强有力者也。尝谓天下之理，未有不相须而成者，有北苑之芽，而后有龙井之水。龙井之水，其深不以丈尺，清而且甘，尽夜酌之而不竭。凡茶自北苑上者，皆资焉。亦犹锦之于蜀江，胶之于阿井。讵不信然。

造　茶

造茶旧分四局。匠者，起好胜之心，彼此相锜，不能无弊，遂并为二焉。故茶堂有东局西局之名，茶锜有东作西作之号。凡茶之初出研盆，荡之欲其匀，揉之欲其腻。然后入圈制锜，随笪过黄。故锜有方锜、有花锜、有大龙、有小龙。品色不同，其名亦异。故随纲系之于贡茶云。

过　黄

茶之过黄，初入烈火焙之，次过沸汤爁之。凡如是者三，而后，宿一火至翌日遂过。烟焙之火不欲烈，烈则面炮而色黑。又不欲烟，烟则香尽而味焦。但取其温温而已。凡火之数多寡，皆视其锜之厚薄。锜之厚者，有十火至于十五火。锜之薄者，亦八火至于六火。火数既足，然后过汤上出色。出色之后，当置之密室，急以扇扇之，则色泽自然光莹矣。

纲　次

细色第一纲

龙焙贡新

水芽。十二水。十宿火。正贡三十锜。创添二十锜。

细色第二纲

龙焙试新

水芽。十二水。十宿火。正贡一百镑。创添五十镑。

细色第三纲

龙团胜雪

水芽。十六水。十二宿火。正贡三十镑。续添二十镑。创添二十镑。

白茶

水芽。十六水。七宿火。正贡三十镑。续添五十镑。创添八十镑。

御苑玉芽

小芽。十二水。八宿火。正贡一百片。

万寿龙芽

小芽。十二水。八宿火。正贡一百片。

上林第一

小芽。十二水。十宿火。正贡一百镑。

乙夜清供

小芽。十二水。十宿火。正贡一百镑。

承平雅玩

小芽。十二水。十宿火。正贡一百镑。

龙凤英华

小芽。十二水。十宿火。正贡一百銙。

玉除清赏

小芽。十二水。十宿火。正贡一百銙。

启沃承恩

小芽。十二水。十宿火。正贡一百銙。

雪英

小芽。十二水。七宿火。正贡一百片。

云叶

小芽。十二水。七宿火。正贡一百片。

蜀葵

小芽。十二水。七宿火。正贡一百片。

金钱

小芽。十二水。七宿火。正贡一百片。

寸金

小芽。十二水。九宿火。正贡一百銙。

细色第四纲

龙团胜雪

水芽。十六水。十二宿火。正贡一百五十銙。

无比寿芽

小芽。十二水。十五宿火。正贡五十銙。创添五十銙。

万春银叶

小芽。十二水。十宿火。正贡四十片。创添六十片。

宜年宝玉

小芽。十二水。十宿火。正贡四十片。创添六十片。

玉清庆云

小芽。十二水。十五宿火。正贡四十片。创添六十片。

无疆寿龙

小芽。十二水。十五宿火。正贡四十片。创添六十片。

玉叶长春

小芽。十二水。七宿火。正贡一百片。

瑞云翔龙

小芽。十二水。九宿火。正贡一百八片。

长寿玉圭

小芽。十二水。九宿火。正贡二百片。

兴国岩銙

中芽。十二水。十宿火。正贡一百七十銙。

香口焙銙

中芽。十二水。十宿火。正贡五十銙。

上品拣芽

小芽。十二水。十宿火。正贡一百片。

新收拣芽

中芽。十二水。十宿火。正贡六百片。

细色第五纲

太平嘉瑞

小芽。十二水。九宿火。正贡三百片。

龙苑报春

小芽。十二水。九宿火。正贡六十片。创添六十片。

南山应瑞

小芽。十二水。十五宿火。正贡六十銙。创添六十銙。

兴国岩拣芽

中芽。十二水。十宿火。正贡五百十片。

兴国岩小龙

中芽。十二水。十五宿火。正贡七百五片。

兴国岩小凤

中芽。十二水。十五宿火。正贡五十片。

先春两色　太平嘉瑞

已见前。正贡二百片。

长寿玉圭

已见前。正贡一百片。

续入额四色　御苑玉芽

已见前。正贡一百片。

万寿龙芽

已见前。正贡一百片。

无比寿芽

已见前。正贡一百片。

瑞云翔龙

已见前。正贡一百片。

粗色第一纲

正贡

不入脑子上品拣芽小龙一千二百片。六水。十宿火。

入脑子小龙七百片。四水。十五宿火。

增添

不入脑子上品拣芽小龙一千二百片。

入脑子小龙七百片。

建宁府附发小龙茶八百四十片。

粗色第二纲

正贡

不入脑子上品拣芽小龙六百四十片。

入脑子小龙六百七十二片。

入脑子小凤一千三百四十片。四水。十五宿火。

入脑子大龙七百二十片。二水。十五宿火。

入脑子大凤七百二十片。二水。十五宿火。

增添

不入脑子上品拣芽小龙一千二百片。

入脑子小龙七百片。

建宁府附发小凤茶一千三百片。

粗色第三纲

正贡

不入脑子上品拣芽小龙六百四十片。

入脑子小龙六百四十片。

入脑子小凤六百七十二片。

入脑子大龙一千八百片。

入脑子大凤一千八百片。

增添

不入脑子上品拣芽小龙一千二百片。

入脑子小龙七百片。

建宁府附发大龙茶四百片。大凤茶四百片。

粗色第四纲

正贡

不入脑子上品拣芽小龙六百片。

入脑子小龙三百三十六片。

入脑子小凤三百三十六片。

入脑子大龙一千二百四十片。

入脑子大凤一千二百四十片。

建宁府附发大龙茶四百片。大凤茶四百片。

粗色第五纲

正贡

入脑子大龙一千三百六十八片。

入脑子大凤一千三百六十八片。

京铤改造大龙一千六百片。

建宁府附发大龙茶八百片。大凤茶八百片。

粗色第六纲

正贡

入脑子大龙一千三百六十片。

入脑子大凤一千三百六十片。

京铤改造大龙一千六百片。

建宁府附发大龙茶八百片。大凤茶八百片。

京铤改造大龙一千二百片。

粗色第七纲

正贡

入脑子大龙一千二百四十片。

入脑子大凤一千二百四十片。

京铤改造大龙二千三百二十片。

建宁府附发大龙茶二百四十片，大凤茶二百四十片。

京铤改造大龙四百八十片。

细色五纲

贡新为最上。后开焙十日入贡。龙团为最精，而建人有“直四万钱”之语。夫茶之入贡，圈以箬叶，内以黄斗，盛以花箱，护以重篚。花箱内外又有黄罗幂之，可谓十袭之珍矣。

粗色七纲

拣芽以四十饼为角。小龙凤以二十饼为角。大龙凤以八饼为角。圈以箬叶，束以红缕，包以红纸，缄以蒨绫。惟拣芽俱以黄焉。

开畬

草木至夏益盛，故欲尊生长之气以渗雨露之泽。每岁六月兴工，虚其本，培其末。滋蔓之草、遏郁之木，悉用除之。政所以导生长之气而渗雨露之泽也。此之谓开畲。惟桐木则留焉。桐木之性与茶相宜，而又茶至冬则畏寒，桐木望秋而先落；茶至夏而畏日，桐木至春而渐茂。理亦然也。

外焙

石门。乳吉。香口。

右三焙。常后北苑五七日兴工。每日采茶蒸榨，以其黄，悉送北苑并造。

茶　谱

顾元庆

序

余性嗜茗，弱冠时识吴心远于阳羡，识过养拙于琴川。二公极于茗事者也，授余收焙烹点法，颇为简易。及阅唐宋茶谱茶录诸书，法用熟碾细罗，为末为饼，所谓小龙团，尤为珍重。故当时有“金易得而龙饼不易得”之语。呜呼，岂士人而能为此哉。顷见友兰翁所集茶谱，其法于二公颇合。但收采古今篇什太繁，甚失谱意。余暇日删校，仍附王友石竹炉【即苦节君像】并分封六事于后，重梓于大石山房。当与有玉川之癖者共之也。

茶　略

茶者，南方嘉木。自一尺、二尺至数十尺，其巴峡有两人抱者。伐而掇之，树如瓜芦，叶如栀子，花如白蔷薇，实如栟榈，蒂如丁香，根如胡桃。

茶　品

茶之产于天下多矣，若剑南有蒙顶石花，湖州有顾渚紫笋，峡州有碧涧明月，邛州有火井思安，渠江有薄片，巴东有真香，福州有柏岩，洪州有白露，常之阳羡，婺之举岩，丫山之阳坡，龙安之骑火，黔阳之都濡高株，泸川之纳溪梅岭，之数者，其名皆著。品第之，则石花最上，紫笋次之。又次则碧涧、明月之类是也。惜皆不可致耳。

艺　茶

艺茶欲茂，法如种瓜，三岁可采。阳崖阴林，紫者为上，绿者次之。

采　茶

团黄有一旗二枪之号，言一叶二芽也。凡早取为茶，晚取为荈。谷雨前后收者为佳，粗细皆可用。惟在采摘之时，天色晴明，炒焙适中，盛贮如法。

藏　茶

茶宜箬叶而畏香药，喜温燥而忌冷湿。故收藏之家以箬叶封裹入焙中，两三日一次。用火当如人体温，温则去湿润。若火多，则茶焦不可食。

花茶诸法

橙茶，将橙皮切作细丝一斤，以好茶五斤焙干，入橙丝间和。用密麻布衬垫火箱，置茶于上烘热。净绵被罨之三两时，随用建连纸袋封裹。仍以被罨，焙干收用。

莲花茶，于日未出时。将半含莲花拨开，放细茶一撮，纳满蕊中，以麻皮略絷，令其经宿。次早摘花，倾出茶叶，用建纸包茶焙干。再如前法，又将茶叶入别蕊中。如此者数次。取其焙干收用，不胜香美。

木樨、茉莉、玫瑰、蔷薇、兰蕙、橘花、栀子、木香、梅花，皆可作茶。诸花开时，摘其半含半放蕊之香气全者，量其茶叶多少摘花为茶。花多则太香，而脱茶韵，花少则不香而不尽美。三停茶叶一停花，始称。假如木樨花，须去其枝蒂及尘垢、虫蚁。用磁罐，一层茶一层花，投间至满，纸箬絷固。入锅重汤煮之，取出待冷，用纸封裹。置火上焙干收用。诸花仿此。

煎茶四要

一择水

凡水泉不甘，能损茶味之严。故古人择水最为切要。山水上，江水次，井水下。山水乳泉漫流者为上，瀑涌湍激勿食，食久令人有颈疾。江水取去人远者，井水取汲多者，如蟹黄混浊咸苦者皆勿用。

二洗茶

凡烹茶先以热汤洗茶叶，去其尘垢、冷气，烹之则美。

三候汤

凡茶须缓火炙，活火煎。活火谓炭火之有焰者。当使汤无妄沸，庶可养茶。始则鱼目散布，微微有声。则四边泉涌，累累连珠。终则腾波鼓浪，水气全消。谓之老汤三沸之法，非活火不能成也。凡茶少汤多则云脚散，汤少茶多则乳面聚。

四择品

凡瓶要小者，易候汤。又点茶注汤有应，若瓶大啜存、停久味过，则不佳矣。茶铫、茶瓶，银锡为上，瓷石次之耳。茶色白宜黑盏。建安所造者绀黑，纹如兔毫，其坯微厚，熁之久热难冷，最为要用。出他处者，或薄坯色异，皆不及也。

茶三要

一涤器

茶瓶、茶盏、茶匙、生铢致损茶味，必须先时洗洁则美。

二熁盏

凡点茶，先须熁盏令热，则茶面聚乳，冷则茶色不浮。

三择果

茶有真香，有佳味，有正色。烹点之际不宜以珍果、香草杂之。夺其香者，松子、柑橙、杏仁、莲心、木香、梅花、茉莉、蔷薇、木樨之类是也。夺其味者，牛乳、番桃、荔枝、圆眼、水梨、枇杷之类是也。夺其色者，柿饼、胶枣、火桃、杨梅、橙橘之类是也。凡饮佳茶，去果方觉清绝，杂之则无辨矣。若必曰所宜，核桃、榛子、瓜仁、藻仁、菱米、榄仁、栗子、鸡豆、银杏、山药、笋干、芝麻、莒蒿、莴苣、芹菜之类，精制或可用也。

茶　效

人饮真茶，能止渴消食，除痰少睡，利水道，明目益思，除烦去腻。人固不可一日无茶，然或有忌而不饮，每食已辄以浓茶漱口，烦腻既去而脾胃健旺。凡肉之在齿间者，得茶漱涤之乃尽消缩，不觉脱去，不烦刺挑也。而齿性便苦，缘此渐坚密，蠹毒自已矣。然率用中下茶【出苏文】。

茶　录

冯时可

总　叙

茶，一名檟，又名蔎、名茗、名荈。檟，苦茶也。蔎则西蜀语，茗则晚取者。《本草》："荈甘檟苦。"羽《经》则称："檟甘荈苦。"茶尊为经自陆羽始，羽《经》称茶味至寒，采不时，造不精，杂以卉莽，饮之成疾。若采造得宜，便与醍醐甘露抗衡。故知茶全贵采造。苏州茶饮遍天下，专以采造胜耳。徽郡向无茶，近出松萝茶，最为时尚。是茶始比丘大方，大方居虎丘最久，得采造法。其后于徽之松萝，结庵采诸山茶，于庵焙制，远迩争市，价倏翔涌，人因称松萝茶，实非松萝所出也。是茶比天池茶稍粗，而气甚香，味更清。然于虎丘能称仲不能伯也。松郡佘山亦有茶，与天池无异，顾采造不如。近有比丘来，以虎丘法制之，味与松萝等。老衲亟逐之曰：无为此山开膻径而置火坑，盖佛以名为五欲之一，名媒利、利媒祸，物且难容，况人乎！

鸿渐伎俩磊块，著是《茶经》，盖以逃名也。示人以处其小，无志于大也。意亦与韩康市药事相同，不知者乃谓其宿名。夫羽恶用名，彼用名者，且经六经而经茶乎？张步兵有云：“使我有身后名，不如生前一杯酒。”夫一杯酒之可以逃名也，又恶知一杯茶之欲以逃名也！

茈莉，一曰篣筤，茶笼也。牺，木杓也，瓢也。永嘉中，余姚人虞洪入瀑布山采茗，遇一修真道士云：“吾丹丘子。祈子他日瓯牺之余，乞相遗也。”故知神仙之贵茶久矣。

《茶经》用水，以山为上，江为中，井为下。山勿太高，勿多石，勿太荒远。盖潜龙巨虺所蓄，毒多于斯也。又有瀑涌湍激者，气最悍，食之令颈疾。惠泉最宜人，无前患耳。

江水取去人远者，井取汲多者。其沸如鱼目，微有声为一沸，缘边如涌泉连珠为二沸，腾波鼓浪为三沸。过此水老，不可食也。沫饽，汤之华也。华之薄者曰沫，厚者曰饽，皆《茶经》中语。大抵畜水恶其停，煮水恶其老，皆于阴阳不适，故不宜人耳。

罗岕茶记

熊明遇

产茶处，山之夕阳胜于朝阳，庙后山西向，故称佳；总不如洞山南向，受阳气特专，称仙品。

茶产平地，受土气多，故其质浊。岕茗产于高山，浑是风露清虚之气，故为可尚。

茶以初出雨前者佳。惟罗岕立夏开园，吴中所贵。梗粗叶厚，有萧箬之气。还是夏月六七日，如雀舌者佳。最不易得。

藏茶宜箬叶而畏香药，喜温燥而忌冷湿。收藏时，先用青箬以竹丝编之，置罂四周。焙茶俟冷，贮器中。以生炭火煅过，烈日中暴之令灭，乱插茶中，封固罂口，覆以新砖，置高爽近人处。霉天雨候，切忌发覆，须于晴明，取少许别贮小瓶。空缺处，即以箬填满，封置如故，方为可久。或夏至后一焙，或秋分后一焙。

烹茶，水之功居大。无泉则用天水，秋雨为上，梅雨次之。秋雨冽而白，梅雨醇而白。雪水，天地之精也，色不能白。养水须置石子于瓮，不惟益水，而白石清泉会心亦不在远。

茶之色重、味重、香重者，俱非上品。松萝香重，六安味苦，而香与松萝同。天池亦有草莱气，龙井如之，至云雾则色重而味浓矣。尝啜虎丘茶，色白而香似婴儿肉，真精绝！

茶色贵白，然白亦不难。泉清瓶洁，叶少水洗，旋烹旋啜，其色自白。然真味抑郁，徒为目食耳。若取青绿，则天池、松萝及岕之最下者，虽冬月，色亦如苔衣，何足为妙。莫若余所收洞山茶，自谷雨后五日者，以汤薄浣，贮壶良久，其色如玉。至冬则嫩绿，味甘色淡，韵清气醇，亦作婴儿肉香而芝芬浮荡，则虎丘所无也。

茶寮记

陆树声

总　叙

园居敞小寮于啸轩埤垣之西，中设茶灶，凡瓢汲罂注濯拂之具咸庀。择一人稍通茗事者主之，一人佐炊汲。客至则茶烟隐隐起竹外。其禅客过从余者，每与余相对，结跏趺坐，啜茗汁，举无生话。终南僧明亮者，近从天池来。饷余天池苦茶，授余烹点法甚细。余尝受其法于阳羡士人，大率先火候，其次候汤，所谓蟹眼鱼目，参沸沫浮沉以验生熟者，法皆同。而僧所烹，点味绝清，乳面不黟，是具人清净味中三昧者。要之，此一味非眠云跂石人未易领略。余方远俗，雅意禅栖，安知不因是遂悟入赵州耶？时杪秋既望，适园无诤居士与五台僧演镇、终南僧明亮，同试天池茶于茶寮中。

云脚乳面

凡茶少汤多则云脚散，汤少茶多则乳面浮。

茗　战

建人谓斗茶为茗战。

茶　名

一曰茶，二曰槚，三曰蔎，四曰茗，五曰荈。扬雄注云：“蜀西南谓茶曰蔎。”郭璞云：“早取为茶，晚取为茗。又为荈。”

候汤三沸

《茶经》：凡候汤有三沸，如鱼眼微有声为一沸，四向如涌泉连珠为二沸，腾波鼓浪为三沸，则汤老。

秘　水

唐秘书省中水最佳。故名秘水。

火前茶

蜀雅州蒙山顶上，火前茶最好。谓焚火以前采者，后者谓之火后茶。

五花茶

蒙顶又有五花茶，其房作五出。

文火长泉

顾况论茶云："煎以文火细烟，小鼎长泉。"

报春鸟

《顾渚山茶记》："山中有鸟，每至正月二月鸣云'春起也'，至三月四月云'春去也'。采茶者咸呼为报春鸟。"

酪苍头

谢宗论茶"岂可为酪苍头，便应代酒从事。"

沤　花

又曰："候蟾背之芳香，观虾目之沸涌。故细沤花泛，浮饽云腾。昏俗尘劳，一啜而散。"

换骨轻身

陶弘景云："苦茶换骨轻身，昔丹丘山黄山服之。"

花　乳

刘禹锡《试茶歌》："欲知花乳清泠味，须是眠云跂石人。"

瑞草魁

杜牧《茶山》诗云："山实东吴秀，茶称瑞草魁。"

白泥赤印

刘禹锡《试茶歌》云："何况蒙山顾渚春，白泥赤印走风尘。"

茗　粥

茗，古不闻食。晋、宋已降，吴人采叶煮之，曰茗粥。

茶　疏

许次纾

产　茶

天下名山，必产灵草。江南地暖，故独宜茶。大江以北，则称六安，然六安乃其郡名，其实产霍山县之大蜀山也。茶生最多，名品亦振于南，山陕人皆用之。南方谓其能消垢腻，去积滞，亦甚宝爱。顾彼山中不善制造，就以食铛大薪炒焙，未及出釜，业已焦枯，讵堪用哉。兼以竹造巨笥，乘热便贮，虽有绿枝紫笋，辄就萎黄，仅供下食，奚堪品斗。江南之茶，唐人首称阳羡，宋人最重建州，于今贡茶，两地独多。阳羡仅有其名，建茶亦非最上，惟有武夷雨前最胜。近日所尚者，为长兴之罗岕，疑即古人顾渚紫笋也。介于山中谓之岕，罗氏隐焉故名罗。然岕故有数处，今惟洞山最佳。姚伯道云："明月之峡，厥有佳茗，是名上乘。"要之，采之以时，制之尽法，无不佳者。其韵致清远，滋味甘香，清渴除烦，足称仙品。此自一种也。若在顾渚，亦有佳者，人但以水口茶名之，全与岕别矣。若歙之松萝，吴之虎丘，钱塘之龙井，香气浓郁，并可与岕雁行。次甫亟称黄山，黄山亦在歙中，然去松萝远甚。往时士人皆贵天池。天池产者，饮之略多，令人胀满。自余始下其品，向多非之。近来赏奇者，始信余言矣。浙之产，又曰天台之雁宕，括苍之大盘，东阳之金华，绍兴之日铸，皆与武夷相为伯仲。然虽有名茶，而土人之制造不精，收藏无法，一行出山，香味色俱减。钱塘诸山，产茶甚多。南山尽佳，北山次之。北山勤于用粪，茎虽易茁，气韵反薄。武夷之外，有泉州之清源，倘以好手制之，亦与武夷亚匹。惜多焦枯，令人意尽。楚之产曰宝庆，滇之产曰五华，此皆表表有名，犹在雁茶之上。其他名山所产，当不止此。余不及论。

采 摘

清明谷雨，摘茶之候也。清明太早，立夏太迟，谷雨前后，其时适中。若肯再迟一二日期，待其气力完足，香烈尤倍，易于收藏。梅雨不蒸，虽稍长大，故是嫩枝柔叶也。杭俗喜于盂中撮点，故贵极细。理烦散郁，未可遽非。吴淞人极贵吾乡龙井，肯以重价购雨前细者，狃于故常，未解妙理。岕中之人，非夏前不摘。初试摘者，谓之开园。采自正夏，谓之春茶。其地稍寒，故须待夏，此又不当以太迟病之。往日无有于秋日摘茶者，近乃有之。秋七八月重摘一番，谓之早春。其品甚佳，不嫌少薄。他山射利，多摘梅茶。梅茶涩苦，止堪作下食，且伤秋摘，佳产戒之。

炒　茶

生茶初摘，香气未透，必借火力以发其香。然性不耐劳，炒不宜久。多取入铛，则手力不匀，久于铛中，过熟而香散矣。甚且枯焦，不堪烹点。炒茶之器，最嫌新铁。铁腥一入，不复有香。大忌脂腻，害甚于铁，须豫取一铛，专用炊饮，无得别作他用。炒茶之薪，仅可树枝，不用干叶。干则火力猛炽，叶则易焰易灭。铛必磨莹，旋摘旋炒，一铛之内，仅容四两。先用文火焙软，次用武火催之。手加木指，急急钞转，以半熟为度。微俟香发，是其候矣。急用小扇钞置被笼，纯绵大纸衬底燥焙。积多，候冷，入瓶收藏。人力若多，数铛数笼。人力即少，仅一铛二铛，亦须四五竹笼。盖炒速而焙迟，燥湿不可相混，混则大减香力。一叶稍焦，全铛无用。然火虽忌猛，尤嫌铛冷，则枝叶不柔。以意消息，最难最难。

岕中制法

岕之茶不炒，甑中蒸熟，然后烘焙。缘其摘迟，枝叶微老，炒亦不能使软，徒枯碎耳。亦有一种极细炒岕，乃采之他山，炒焙以欺好奇者。彼中甚爱惜茶，决不忍乘嫩摘采，以伤树本。余意他山所产，亦稍迟采之，待其长大，如岕中之法蒸之，似无不可。但未试尝，不敢漫作。

收　藏

收藏宜用瓷瓮，大容一二十斤，四围厚箬，中则贮茶。须极燥极新，专供此事，久乃愈佳，不必岁易。茶须筑实，仍用厚箬填紧瓮口，再加以箬。以真皮纸包之，以苎麻紧扎，压以大新砖，勿令微风得入，可以接新。

置　顿

茶恶湿而喜燥，畏寒而喜温，忌蒸郁而喜清凉，置顿之所，须在时时坐卧之处。逼近人气，则常温不寒。必在板房，不宜土室。板房则燥，土室则蒸。又要透风，勿置幽隐。幽隐之处，尤易蒸湿，兼恐有失点检。其阁庋之方，宜砖底数层，四围砖砌。形若火炉，愈大愈善，勿近土墙。顿瓮其上，随时取灶下火灰，候冷簇于瓮傍。半尺以外，仍随时取灰火簇之，令里灰常燥，一以避风，一以避湿。却忌火气入瓮，则能黄茶。世人多用竹器贮茶，虽复多用箬护，然箬性峭劲，不甚妥贴，最难紧实，能无渗罅？风湿易侵，多故无益也。其不堪地贮顿，万万不可。人有以竹器盛茶，置被笼中，用火焙黄，除火即润。忌之忌之！

取　用

茶之所忌，上条备矣。然则阴雨之日，岂宜擅开。如欲取用，必候天气晴明，融和高朗，然后开缶，庶无风湿。先用热水濯水麻帨，拭燥缶口、内箬，别置燥处。另取小罂贮所取茶，量日几何，以十日为限。去茶盈寸，则以寸箬补之，仍须碎剪。茶日渐少，箬日渐多，此其要也。焙燥筑黄，包扎如前。

包　裹

茶性畏纸，纸于水中成，受水气多也。纸裹一夕，随纸作气尽矣。虽火中焙出，少顷即润。雁宕诸山，首坐此病。每以纸帖寄远，安得复佳。

日用顿置

日用所需，贮小罂中，箬包苎扎，亦勿见风。宜即置之案头，勿顿巾箱书簏，尤忌与食器同处。并香药则染香药，海味则染海味，其他以类而推。不过一夕，黄色变矣。

茶笺

闻　龙

制法

茶初摘时，须拣去枝梗老叶，惟取嫩叶。又须去尖与柄，恐其易焦，此松萝法也。炒时，须一人从傍扇之以祛热气，否则黄色香味俱减，予所亲试。扇者色翠，不扇色黄。炒起出铛时，置大瓮盘中，仍须急扇，令热气稍退。以手重揉之，再散入铛，文火炒干入焙。盖揉则其津上浮，点时香味易出。田子艺以生晒不炒不揉者为佳，亦未之试耳。

《经》云：焙，凿地深二尺，阔一尺五寸，长一丈。上作短墙高二尺，泥之。以木构于焙，上编木两层，高一尺，以焙茶。茶之半干，升下棚，全干升上棚。愚谓今人不必全用此法。予尝构一焙室，高不逾寻，方不及丈，纵广正等，四围及顶绵纸密糊，无小罅隙。置三四火缸于中，安新竹筛于缸内，预洗新麻布一片以衬之。散所炒茶于筛上，阖户而焙，上面不可覆盖。茶叶尚润，一覆则气闷罨黄。须焙二三时，俟润气尽，然后覆以竹箕。焙极干，出缸待冷，入器收藏。后再焙，亦用此法。色香与味，不致大减。

诸名茶，法多用炒，惟罗岕宜于蒸焙。味真蕴藉，世竞珍之。即顾渚、阳羡、密迩洞山，不复仿此。想此法偏宜于岕，未可概施他茗。而《经》已云：蒸之、焙之，则所从来远矣。

吴人绝重岕茶，往往杂以黄黑箬，大是阙事。余每藏茶，必令樵青入山采竹箭箬，拭净烘干，护罂四周，半用剪碎，拌入茶中。经年发覆，青翠如新。

吾乡四陲皆山，泉水在在有之，然皆淡而不甘。独所谓它泉者，其源出自四明，潺湲洞历大阑小皎诸名岫，回溪百折，幽涧千支，沿洄漫衍，不舍昼夜。唐鄞令王公元伟筑埭它山，以分注江河，自洞抵埭，不下三数百里。水色蔚蓝，素砂白石，粼粼见底，清寒甘滑，甲于郡中。余愧不能为浮家泛宅，送老于斯。每一临泛，浃旬忘返，携茗就烹，珍鲜特甚。洵源泉之最胜，瓯牺之上味矣。以僻在海陬，图经是漏。故又新之记罔闻，季疵之杓莫及，遂不得与谷帘诸泉齿。譬犹肥遁吉人，灭影贞士，直将逃名世外，亦且永托知稀矣。

山林隐逸，水铫用银尚不易得，何况鍑乎？若用之恒，而卒归于铁也。

茶具涤毕，覆于竹架，俟其自干为佳。其拭巾只宜拭外，切忌拭内。盖布帨虽洁，一经水手，极易作气。纵器不干，亦无大害。

吴兴姚叔度言：茶叶多焙一次，则香味随减一次。予验之良然。但于始焙极燥，多用炭箬，如法封固，即梅雨连旬，燥固自若。惟开坛频取，所以生润，不得不再焙耳。自四五月至八月，极宜致谨。九月以后天气渐肃，便可解严矣。虽然，能不弛懈，尤妙尤妙。

东坡云："蔡君谟嗜茶，老病不能饮，日烹而玩之。"可发来者之一笑也。孰知千载之下，有同病焉。余尝有诗云："年老耽弥甚，脾寒量不胜。"去烹而玩之者几希矣。因忆老友周文甫，自少至老，茗碗薰炉，无时暂废。饮茶日有定期，旦明、晏食、禺中、铺时、下舂、黄昏，凡六举。其僮仆烹点不与焉。寿八十五，无疾而卒。非宿植清福乌能毕世安享？视好而不能饮者，所得不既多乎？家中有龚春壶，摩挲宝爱，不啻掌珠。用之既久，外类紫玉内如碧云，真奇物也。后以殉葬。

按《经》云：第二沸，留热以贮之，以备育华救沸之用者，名曰隽永。五人则行三碗，七人则行五碗，若遇六人但阙其一。正得五人即行三碗，以隽永补所阙人。故不必别约碗数也。

茶　解

罗　廪

◎按唐时产茶地，仅仅如季疵所称，而今之虎丘、罗岕、天池、顾渚、松萝、龙井、雁宕、武夷、灵山、大盘、日铸、朱溪诸名茶，无一与焉。乃知灵草在在有之，但培植不嘉，或疏采制耳。

◎茶地南向为佳，向阴者遂劣。故一山之中，美恶大相悬也。

◎茶固不宜加以恶木，惟桂、梅、辛夷、玉兰、玫瑰、苍松、翠竹，与之间植，足以蔽覆霜雪，掩映秋阳。其下可莳芳兰、幽菊及诸清芬之品，最忌与菜畦相逼，不免秽污渗漉、滓厥清真。

◎凡贮茶之器，始终贮茶，不得移为他用。

◎烹茶须甘泉，次梅水。梅雨如膏，万物赖以滋养。其味独甘，梅后便不堪饮。大瓮满贮，投伏龙肝一块，即灶中心干土也，乘热投之。

◎贮水瓮须置阴庭，覆以沙石，使承星露；则英华不散，灵气常存。假令压以木石，封以纸箬，暴于日中；则外耗其神，内闭其气，水神敝矣。

◎李南金谓："当用背二涉三之际为合量。"此真赏鉴之言。而罗鹤林惧汤老，欲于松枫涧水后移瓶去火，少待沸止而瀹之。此语亦未中窾。殊不知汤既老矣，虽去火何救哉！

◎茶炉或瓦或竹，大小与汤铫称。

◎采茶、制茶，最忌手汗膻气、口臭、多涕不洁之人及月信妇人。又忌酒气，盖茶、酒性不相入。故制茶人切忌沾醉。

◎茶性淫，易于染着。无论腥秽及有气息之物，不宜近。即名香亦不宜近。

◎山堂夜坐，汲泉煮茗，至水火相战，如听松涛，清芬满杯，云光滟潋。此时幽气，故难与俗人言矣。

◎茶色白、味甘，鲜香触鼻，乃为精品。茶之精者，淡亦白，浓亦白。初泼白，少顷亦白。味甘色白其香自溢者，得则俱得也。近来好事者或虑其色重，先注之汤，投茶数片，味固不足，香亦窅然，终不免水厄之诮矣。然尤贵择水。香以兰花上，蚕豆花次之。水以山上石池泉。旋汲用之斯良，丙舍在城，夫岂易得？故宜多汲，贮以大瓮。但忌新器，为其火气未退，易于败水，亦易生虫。久用则善。最嫌他用。水性忌木，松杉为甚。木桶贮水，其害滋甚，挈瓶为佳耳。

考槃余事·茶笺

屠　隆

茶　品

与《茶经》稍异，今烹制之法亦与蔡陆诸前人不同。

虎　丘

最号精绝，为天下冠。惜不多产，皆为豪右所据。寂寞山家无由获购矣。

天　池

青翠芳馨，瞰之赏心。嗅亦消渴，诚可称仙品。诸山之茶尤当退舍。

阳 羡

俗名罗岕，浙之长兴者佳，荆溪稍下。细者，其价两倍天池。惜乎难得，须亲自采收方妙。

六 安

品亦精，入药最效。但不善炒，不能发香而味苦。茶之本性实佳。

龙 井

不过十数亩。外此有茶，似皆不及。大抵天开龙泓美泉，山灵特生佳茗以副之耳。山中仅有一二家，炒法甚精。近有山僧焙者亦妙。真者天池不能及也。

天 目

为天池龙井之次，亦佳品也。地志云：山中寒气早严，山僧至九月即不敢出。冬来多雪，三月后方通行。茶之萌芽较晚。

采　茶

不必太细，细则芽初萌而味欠足。不必太青，青则茶已老而味欠嫩。须在谷雨前后，觅成梗带叶微绿色而团且厚者为上。更须天色晴明采之方妙。若闽广岭南多瘴疠之气，必待日出山霁，雾障岚气收净，采之可也。谷雨日晴明采者，能除痰嗽、疗百疾。

日晒茶

茶有宜以日晒者，青翠香洁，胜于火炒。

焙　茶

茶采时，先自带锅灶入山，别租一室。择茶工之尤良者，倍其雇直。戒其搓摩，勿使生硬，勿令过焦，细细炒燥、扇冷，方贮罂中。

藏　茶

茶宜箬叶而畏香药，喜温燥而忌冷湿。故收藏之家先于清明时收买箬叶，拣其最青者预焙极燥，以竹丝编之。每四片编为一块，听用。又买宜兴新坚大罂，可容茶十斤以上者洗净焙干，听用。山中焙茶回，复焙一番。去其茶子、老叶、枯焦者及梗屑，以大盆埋伏生炭，覆以灶中，敲细赤火，既不生烟，又不易过。置茶焙下焙之。约以二斤作一焙。别有炭火入大炉内，将罂悬架其上，至燥极而止。以编箬衬于罂底，茶燥者扇冷方先入罂。茶之燥，以拈起即成末为验。随焙随入，既满，又以箬叶覆于罂上。每茶一斤，约用箬二两。口用尺八纸焙燥封固，约六七层。压以方厚白木板一块，亦取焙燥者。然后于向明净室高阁之。用时以新燥宜兴小瓶取出，约可受四五两，随即包整。夏至后三日再焙一次；秋分后三日，又焙一次；一阳后三日，又焙之；连山中共五焙，直至交新，色味如一。罂中用浅，更以燥箬叶贮满之，则久而不浥。

又法，以中坛盛茶，十斤一瓶。每瓶烧稻草灰入于大桶，将茶瓶坐桶中，以灰四面填桶，瓶上覆灰筑实。每用，拨开瓶取茶些少，仍覆灰，再无蒸坏。次年换灰。又法，空楼中悬架，将茶瓶口朝下放。不蒸，缘蒸气自天而下也。

诸花茶

莲花茶，于日未出时，半含白莲花，拨开放细茶一撮，纳满蕊中，以麻皮略扎，令其经宿。次早摘花，倾出茶叶，用建纸包茶焙干。再如前法，随意以别蕊制之，焙干收用，不胜香美。

橙茶，将橙皮切作细丝一斤，以好茶五斤焙干入橙间和。用密麻布衬垫火厢，置茶于上，以净绵被罨之。三两时，随用建连纸袋封裹，仍以被罨烘干收用。

木樨、玫瑰、蔷薇、兰蕙、橘花、栀子、木香、梅花皆可作茶。诸花开时，摘其半含半放蕊，其香气全者，量其茶多少摘花为伴。花多则太香而脱茶韵，花少则不香而不尽美。三停茶叶一停花，始称。假如木樨花，须去其枝蒂及尘垢、虫蚁。用瓷罐，一层茶一层花，投间至满。纸箬扎固，入锅重汤煮之。取出待冷，用纸封裹，置火上焙干收用。则花香满颊，茶味不减。诸花仿此。以上俱平等细茶拌之可也。茗花入茶，本色香味尤嘉。

茉莉花，以熟水半杯放冷，铺竹纸一层，上穿数孔。晚时采初开茉莉花缀于孔内，上用纸封，不令泄气。明晨，取花簪之水，香可点茶。

择　水

天泉，秋水为上，梅水次之。秋水白而洌，梅水白而甘。甘则茶味稍夺，洌则茶味独全。故秋水较差胜之。春、冬二水，春胜于冬。皆以和风甘雨，得天地之正施者为妙。惟夏月暴雨不宜，或因风雷所致，实天之流怒也。

龙行之水，暴而霪者、旱而冻者、腥而墨者，皆不可食。雪为五谷之精，取以煎茶，幽人清况。

地泉，取乳泉漫流者，如梁溪之惠山泉为最胜。

取清寒者，泉不难于清而难于寒。石少土多、沙腻泥凝者，必不清寒。且濑峻流驶，而清岩奥阴，积而寒者，亦非佳品。

取山脉逶迤者，山不停处水必不停，若停，即无源者矣。旱必易涸，往往有伏流沙土中者，挹之不竭即可食，不然，则渗潴之潦耳，虽清勿食。

有瀑涌湍急者勿食，食久令人有颈疾。如庐山水帘、洪州天台瀑布，诚山居之珠箔锦幕，以供耳目则可，入水品则不宜矣。

有温泉，下生硫黄，故然。有同出一壑，半温半冷者，皆非食品。

有流远者，远则味薄。取深潭停蓄，其味乃复。

有不流者，食之有害。《博物志》曰：山居之民，多瘿肿。由于饮泉之不流者。泉上有恶木，则叶滋根润能损甘香。甚者能酿毒液，尤宜去之。如南阳菊潭，损益可验。

江水，取去人远者。扬州南泠，夹石渟渊，特入首品。

长流，亦有通泉窦者。必须汲贮，候其澄澈可食。

井水，脉暗而性滞、味咸而色浊，有妨茗气。试煎茶一瓯，隔宿视之，则结浮腻一层。他水则无此，其明验矣。虽然，汲多者可食，终非佳品。或平地偶穿一井，适通泉穴，味甘而澹。大旱不涸，与山泉无异，非可以井水例观也。若海滨之井，必无佳泉，盖潮汐近地斥卤故也。

灵水，上天自降之泽，如上池天酒、甜雪香雨之类，世或希觏，人亦罕识，乃仙饮也。

丹泉，名山大川，仙翁修炼之处，水中有丹，其味异常。能延年却病，尤不易得。凡不净之器，甚不可汲。如新安黄山东峰下，有朱砂泉可点茗。春色微红，此自然之丹液也。临沅廖氏家世寿，后掘井人得丹砂数十粒。西湖葛洪井中有石瓮，淘出丹数枚。如芡实，啖之无味，弃之。有施渔翁者，拾一粒食之，寿一百六岁。

养　水

取白石子入瓮中，能养其味。亦可澄水不淆。

洗　茶

凡烹茶先以热汤洗茶，去其尘垢冷气，烹之则美。

候　汤

凡茶须缓火炙、活火煎。活火，谓炭火之有焰者。以其去余薪之烟、杂秽之气且使汤无妄沸。庶可养茶，始如鱼目，微有声，为一沸。缘边涌泉连珠，为二沸。奔涛溅沫，为三沸。三沸之法非活火不成。如坡翁云“蟹眼已过鱼眼生，飕飕欲作松风声”，尽之矣。若薪火方交，水生釜炽，急取旋倾，水气未消，谓之嫩。若人过百息，水逾十沸，或以话阻事废，始取用之，汤已失性，谓之老。老与嫩，皆非也。

注　汤

茶已就膏，宜以造化成其形。若手颤臂亸，惟恐其深，瓶嘴之端，若存若亡，汤不顺通，则茶不匀粹。是谓缓注。一瓯之茗，不过二钱。茗盏量合，宜下汤不过六分。万一快泻而深积之，则茶少汤多，是谓急注。缓与急皆非中汤。欲汤之中，臂任其责。

择　器

凡瓶要小者，易候汤，又点茶注汤有应。若瓶大啜存，停久味过，则不佳矣。所以策功建汤业者，金银为优。贫贱者不能具，则瓷石有足取焉。瓷瓶不夺茶气，幽人逸士，品色尤宜。石凝结天地秀气而赋形，琢以为器秀犹在焉。其汤不良，未之有也。然，勿与夸珍衒豪臭公子道。铜铁铅锡，腥苦且涩。无油瓦瓶，渗水而有土气。用以炼水饮之，逾时恶气缠口而不得去。亦不必与猥人俗辈言也。

宣庙时有茶盏，料精式雅，质厚难冷，莹白如玉。可试茶色，最为要用。蔡君谟取建盏，其色绀黑，似不宜用。

涤　器

茶瓯、茶盏、茶匙，生铁致损茶味。必须先时洗洁则美。

熁盏

凡点茶必须熁盏，令热则茶面聚乳，冷则茶色不浮。

择薪

凡木可以煮汤，不独炭也。惟调茶在汤之淑慝，而汤最恶烟，非炭不可。若暴炭膏薪，浓烟蔽室，实为茶魔。或柴中之麸火焚余之虚炭，风干之竹筱树梢，燃鼎附瓶，颇甚快意，然体性浮薄无中和之气，亦非汤友。

择果

茶有真香，有真味，有正色。烹点之际不宜以珍果、香草夺之。夺其香者，松子、柑橙、木香、梅花、茉莉、蔷薇、木樨之类是也。夺其味者，番桃、杨梅之类是也。凡饮佳茶，去果方觉清绝，杂之则无辨矣。若必曰所宜，核桃、榛子、杏仁、榄仁、菱米、栗子、鸡豆、银杏、新笋、莲肉之类，精制或可用也。

茶效

人饮真茶能止渴消食，除痰少睡，利水道，明目益思，除烦去腻。人固不可一日无茶，然或有忌而不饮。每食已，辄以浓茶嗽口，烦腻既去而脾胃自清。凡肉之在齿间者，得茶涤之，乃尽消缩，不觉脱去，不烦刺挑也。而齿性便苦，缘此渐坚密，蠹毒自去矣。然率用中下茶。

人 品

茶之为饮最宜精形、修德之人。兼以白石清泉，烹煮如法，不时废而或兴，能熟习而深味，神融心醉，觉与醍醐、甘露抗衡。斯善赏鉴者矣。使佳茗而饮非其人，犹汲泉以灌蒿莱，罪莫大焉。有其人而未识其趣，一吸而尽，不暇辨味，俗莫甚焉。司马温公与苏子瞻嗜茶、墨，公云："茶与墨正相反，茶欲白，墨欲黑；茶欲重，墨欲轻；茶欲新，墨欲陈。"苏曰："奇茶妙墨俱香。"公以为然。唐武曌，博学有著述才。性恶茶，因以诋之。其略曰："释滞消壅，一日之利暂佳。瘠气侵精，终身之害斯大。获益则收功茶力，贻患则不为茶灾。岂非福近易知，祸远难见。"

李德裕奢侈过求，在中书，不饮京城水，悉用惠山泉，时谓之水递。清致可嘉，有损盛德。

传称陆鸿渐阖门著书，诵诗击木，性甘茗荈，味辨缁渑，清风雅趣，脍炙古今。鬻茶者至陶其形，置炀突间，祀为茶神，可谓尊崇之极矣。尝考《蛮瓯志》云："陆羽采越江茶，使小奴子看焙。奴失睡，茶燋烁不可食。羽怒以铁索缚奴，而投火中。"残忍若此。其余不足观也已矣。

茶　具

苦节君：湘竹风炉。

建城：藏茶箬笼。

湘筠焙：焙茶。箱盖其上，以收火气也。隔其中以有容也。纳火其下，去茶尺许，所以养茶色香味也。

云屯：泉缶。

乌府：盛炭篮。

水曹：涤器桶。

鸣泉：煮茶罐。

品司：编竹为簏。收贮各品叶茶。

沉垢：古茶洗。

分盈：水杓。即《茶经》水则。每两升，用茶一两。

执权：准茶秤。每茶一两，用水二升。

合香：藏日支茶瓶。以贮司品者。

归洁：竹筅帚。用以涤壶。

漉尘：洗茶篮。

商象：古石鼎。

递火：铜火斗。

降红：铜火箸。不用联索。

国风：湘竹扇。

注春：茶壶。

静沸：竹架，为《茶经》支腹。

运锋：镵果刀。

啜香：茶瓯。

掩云：竹茶匙。

甘钝：木砧墩。

纳敬：湘竹茶橐。

易持：纳茶雕漆秘阁。

受污：拭抹布。

本草纲目·茶

李时珍

释　名

苏颂曰，郭璞云："早采为荼，晚采为茗。一曰荈，蜀人谓之苦荼。"陆羽云："其名有五：一茶、二槚、三蔎、四茗、五荈。"李时珍曰，杨慎《丹铅录》云："茶即古荼字，音途。《诗》云'谁谓荼苦，其甘如荠'，是也。"颜师古云："汉时荼陵，始转'途'音为'宅加切'。"或言六经无茶字，未深考耳。

集　解

《神农食经》曰："茶茗生益州及山陵道旁，凌冬不死。三月三日采，干。"

苏恭曰："茗生山南泽中山谷。"《尔雅》云："槚，苦茶。"郭璞注云："树小似栀子，冬生叶，可煮作羹饮。"苏颂曰："今闽浙蜀江湖淮南山中，皆有之，通谓之茶。春中始生嫩叶，蒸焙去苦水，末之乃可饮，与古所食，殊不同也。"陆羽《茶经》云，茶者，南方嘉木。一尺、二尺乃至数十尺。其巴川峡山有两人合抱者，伐而掇之。木如瓜芦，叶如栀子，花如白蔷薇，实如栟榈，蒂如丁香，根如胡桃。其地，上者生烂石，中者生砾壤，下者生黄土。艺法如种瓜，三岁可采。野者上，园者次。阳崖阴林，紫者上，绿者次；笋者上，芽者次；叶卷者上，舒者次。凡采茶在二月、三月、四月之间。茶之笋者，生于烂石之间。长四五寸。若蕨之始抽，凌露采之。茶之芽者，发于丛薄之上。有三枝、四枝、五枝者，于枝颠采之。采得蒸焙封干，有千类万状也。略而言之，如胡人靴者，蹙缩然；如犎牛臆者，廉襜然；出山者，轮囷然；拂水者，涵澹然。皆茶之精好者也。如竹箨、如霜荷，皆茶之瘠老者也。其别者，有石南芽、枸杞芽、枇杷叶，皆治风疾。又有皂荚芽、槐芽、柳芽，乃上春摘其芽，和茶作之。故今南人输官茶，往往杂以众叶。惟茅芦、竹箬之类不可入之。余山中草木、芽叶皆可和合，椿柿尤奇。真茶性冷，惟雅州蒙山出者，温而祛疾。毛文锡《茶谱》云："蒙山有五顶，上有茶园，其中顶曰上清峰。昔有僧人病冷且久，遇一老父谓曰：'蒙之中顶茶，当以春分之先后，多构人力，俟雷发声，并手采择，三日而止。若获一两，以本处水煎服，即能祛宿疾。二两当眼前无疾，三两能固肌骨，四两即为地仙矣。'其僧如说，获一两余，服之未尽而疾瘳。其四顶茶园，采摘不废。惟中峰草木繁密，云雾蔽亏，鸷兽时出，故人迹不到矣。近岁稍贵。此品制作，亦精于他处。”

陈承曰：“近世蔡襄，述闽茶极备。惟建州北苑数次产者，性味与诸方略不同，今亦独名蜡茶，上供御用。碾治作饼日晒，得火愈良。其他者，或为芽，或为末。收贮，若微见火便硬不可久收，色味俱败。惟鼎州一种芽茶，性味略类建茶。今汴中及河北、京西等处磨为末，亦冒蜡茶者是也。”

寇宗奭曰：“苦荼，即今茶也。陆羽有《茶经》，丁谓有《北苑茶录》，毛文锡有《茶谱》，蔡宗颜有《茶对》，皆甚详。然古人谓茶为雀舌、麦颗，言其至嫩也。又有新芽，一发便长寸余，其粗如针，最为上品。其根干、水土力皆有余故也。雀舌、麦颗，又在下品，前人未知尔。”

李时珍曰：茶有野生，种生。种者用子，其子大如指顶，正圆黑色。其仁入口，初甘后苦，最戟人喉，而闽人以榨油食用。二月下种，一坎须百颗乃生一株，盖空壳者多故也。畏水与日，最宜坡地阴处。清明前采者上，谷雨前者次之，此后皆老茗尔。采、蒸、揉、焙，修造皆有法，详见《茶谱》。茶之税，始于唐德宗，盛于宋、元。及于我朝，乃与西番互市易马。夫茶一木尔，下为民生日用之资，上为朝廷赋税之助，其利博哉。昔贤所称，大约谓唐人尚茶，茶品益众。有雅州之蒙顶石花、露芽、谷芽为第一。建宁之北苑龙凤团为上供。蜀之茶，则有东川之神泉、兽日，硖州之碧涧、明月，夔州之真香，邛州之火井、思安，黔阳之都濡，嘉定之峨眉，泸州之纳溪，玉垒之沙坪。楚之茶，则有荆州之仙人掌，湖南之白露，长沙之铁色，蕲州蕲门之团面，寿州霍山之黄芽，庐州之六安、英山，武昌之樊山，岳州之巴陵，辰州之溆浦，湖南之宝庆、茶陵。吴越之茶，则有湖州顾渚之紫笋，福州方山之生芽，洪州之白露，双井之白毛，庐山之云雾，常州之阳羡，池州之九华，丫山之阳坡，袁州之界桥，睦州之鸠坑，宣州之阳坑，金华之举岩，会稽之日铸，皆产茶有名者。其他犹多，而猥杂更甚。按陶隐居注苦茶云。酉阳、武昌、庐江、晋陵，皆有好茗，饮之宜人。凡所饮物，有茗及木叶、天门冬苗、菝葜叶皆益人，余物并冷利。又巴东县有真茶，火煏作卷结，为饮亦令人不眠。俗中多煮檀叶及大皂李叶作茶饮，并冷利。南方有瓜芦木，亦似茗也。今人采槠、栎、山矾、南烛、乌药诸叶，皆可为饮以乱茶云。

叶

气味

苦甘，微寒，无毒。

陈藏器曰：苦寒。久食令人瘦，去人脂，使人不睡。饮之宜热，冷则聚痰。

胡洽曰：与榧同食，令人身重。

李廷飞曰：大渴及酒后饮茶，水入肾经，令人腰、脚、膀胱冷痛，兼患水肿、挛痹诸疾。大抵饮茶宜热，宜少，不饮尤佳。空腹最忌之。

李时珍曰：服威灵仙、土茯苓者，忌饮茶。

主治

《神农食经》曰：瘘疮，利小便，去痰热，止渴，令人少睡，有力悦志。

苏恭曰：下气消食，作饮加茱萸、葱、姜良。

陈藏器曰：破热气，除瘴气，利大小肠。

王好古曰：清头目，治中风昏愦，多睡不醒。

陈承曰：治伤暑。合醋治泄痢甚效。

吴瑞曰：炒煎饮，治热毒赤白痢。同芎䓖、葱白煎饮，止头痛。

李时珍曰：浓煎，吐风热痰涎。

发明

王好古曰：茗茶，气寒味苦，入手足厥阴经，治阴证。汤药内入此，去格拒之寒及治伏阳。大意相似。《经》云：苦以泄之，其体下行，所以能清头目。

机曰：头目不清，热熏上也。以苦泄其热，则上清矣。且茶体清浮，采摘之时芽蘖初萌，正得春升之气。味虽苦而气则薄，乃阴中之阳可升可降。利头目，盖本诸此。

汪颖曰：一人好烧鹅炙煿，日常不缺。人咸防其生痈疽，后卒不病。访知其人每夜必啜凉茶一碗。乃知茶能解炙煿之毒也。

杨士瀛曰：姜茶治痢。姜助阳，茶助阴，并能消暑解酒食毒。且一寒一热，调平阴阳。不问赤白冷热，用之皆良。生姜细切，与真茶等分，新水浓煎服之。苏东坡以此治文潞公有效。

李时珍曰：茶苦而寒，阴中之阴，沉也，降也，最能降火。火为百病，火降则上清矣。然火有五，火有虚实。若少壮胃健之人，心肺脾胃之火多盛，故与茶相宜。温饮则火因寒气而下降，热饮则茶借火气而升散。又兼解酒食之毒，使人神思闿爽，不昏不睡，此茶之功也。若虚寒及血弱之人，饮之既久则脾胃恶寒，元气暗损。土不制水，精血潜虚，成痰饮、成痞胀、成痿痹、成黄瘦、成呕逆、成洞泻、成腹痛、成疝瘕，种种内伤。此茶之害也。民生日用，蹈其弊者往往皆是，而妇妪受害更多。习俗移人，自不觉尔。况真茶既少，杂茶更多，其为患也又可胜言哉。人有嗜茶成癖者，时时咀啜不止。久而伤营伤精，血不华色，黄瘁痿弱，抱病不悔，尤可叹惋。晋《干宝搜神记》载：武官周时，病后啜茗一斛二升乃止，才减升合便为不足。有客令更进五升。忽吐一物，状如牛脾，而有口。浇之以茗。尽一斛二升，再浇五升，即溢出矣。人遂谓之斛茗瘕。嗜茶者观此可以戒矣。陶隐《居杂录》言：丹丘子黄山君服茶轻身换骨。壶公食忌。言苦茶久食羽化者。皆方士谬言误世者也。按唐补阙毋炅茶序云，释滞消拥，一日之利暂佳。瘠气侵精，终身之累斯大。获益则功归茶力，贻患则不谓茶灾，岂非福近易知、祸远难见乎！又宋学士苏轼《茶说》云：除烦去腻，世故不可无茶。然暗中损人不少。空心饮茶入盐，直入肾经，且冷脾胃，乃引贼入室也。惟饮食后浓茶漱口，既去烦腻而脾胃不知。且苦能坚齿消蠹，深得饮茶之妙。古人呼茗为酪奴，亦贱之也。时珍早年气盛，每饮新茗，必至数碗，轻汗发而肌骨清，颇觉痛快。中年胃气稍损，饮之即觉为害，不痞闷呕恶，即腹冷洞泄。故备述诸说，以警同好焉。又浓茶能令人吐，乃酸苦涌泄为阴之义，非其性能升也。

附方

气虚头痛　用上春茶末调成膏，置瓦盏内覆转。以巴豆四十粒，作二次烧烟熏之。晒干乳细，每服一字。别入好茶末，食后煎服立效。【医方大成。】

热毒下痢　孟诜曰：赤白下痢，以好茶一斤，炙，捣末。浓煎一二盏服。久患痢者，亦宜服之。《直指》：用蜡茶。赤痢以蜜水煎服，白痢以连皮自然姜汁同水煎服。二三服即愈。《经验良方》：用蜡茶二钱，汤点七分，入麻油一蚬壳，和服。须臾，腹痛大下即止。一少年用之有效。一方：蜡茶末以白梅肉和丸。赤痢甘草汤下，白痢乌梅汤下，各百丸。一方：建茶合醋煎服，即止。

大便下血　营卫气虚，或受风邪、或食生冷、或啖炙煿、或饮食过度，积热肠间，使脾胃受伤，糟粕不聚。大便下利清血，脐腹

作痛，里急后重及酒毒一切下血，并皆治之。用细茶半斤，碾末。用百药煎五个，烧存性。每服二钱。米饮下。日二服。【普济方。】

产后秘塞　以葱涎调蜡茶末，丸百丸。茶服自通。不可用大黄利药，利者百无一生。【郭稽中妇人方。】

久年心痛　十年五年者，煎湖茶，以头醋和匀服之，良。【兵部手集。】

腰痛难转　煎茶五合，投醋二合，顿服。【孟诜食疗。】

嗜茶成癖　一人病此。一方士令以新鞋盛茶，令满，任意食尽，再盛一鞋。如此三度，自不吃也。男用女鞋，女用男鞋。用之果愈也。【集简方。】

解诸中毒　芽茶、白矾等分，碾末，冷水调下。【简便方。】

痘疮作痒　房中宜烧茶烟，恒熏之。

阴囊生疮　用蜡面茶为末，先以甘草汤洗，后贴之妙。【经验方。】

脚丫湿烂　茶叶嚼烂傅之。有效。【摄生方。】

蠼螋尿疮　初如糁粟，渐大如豆，更大如火烙。浆炰，疼痛至甚者，速以草茶并蜡茶俱可，以生油调傅。药至痛乃止。【胜金方。】

风痰颠疾　茶芽、栀子各一两，煎浓汁一碗，服良久探吐。【摘玄方。】

霍乱烦闷　茶末一钱，煎水调干姜末一钱，服之即安。【圣济总录。】

月水不通　茶清一瓶，入沙糖少许，露一夜服。虽三个月胎亦

通。不可轻视。【鲍氏包。】

痰喘咳嗽，不能睡卧　好末茶一两，白僵蚕一两为末，放碗内盖定，倾沸汤一小盏，临卧再添汤，点服。【瑞竹堂方。】

茶　子

气味

苦寒，有毒。

主治

李时珍曰：喘急咳嗽。去痰垢。捣仁洗衣。除油腻。

附方

上气喘急，时有咳嗽　茶子、百合，等分为末。蜜丸梧子大。每服七丸。新汲水下。【圣惠方。】

喘嗽齁鼾　不拘大人小儿，用糯米泔少许，磨茶子滴入鼻中，令吸入口服之。口咬竹筒，少顷涎出如线，不过二二次绝根。屡验。【经验良方。】

头脑鸣响，状如虫蛀，名大白蚁　以茶子为末，吹入鼻中取效。【杨拱医方摘要。】

煮泉小品

田艺蘅

序　仁和赵观撰

田子子艺，抱辋辋江山之气，吐吞葩藻之才。夙厌尘嚣，历览名胜。窃慕司马子长之为人，穷搜遐讨。固尝饮泉觉爽，啜茶忘喧，谓非膏粱纨绮可语。爰著《煮泉小品》，与漱流枕石者商焉。顷于子谦所出以示予，考据该洽，评品允当，实泉茗之信史也。命予叙之，刻烛以俟。予惟赞皇公之鉴水，竟陵子之品茶，耽以成癖，罕有俪者。洎丁公言《茶图》，颛论采造而未备；蔡君谟《茶录》，详于烹试而弗精；刘伯刍、李季卿论水之宜茶者，则又互有同异；与陆鸿渐相背驰，甚可疑笑。近云间徐伯臣氏作《水品》，茶复略矣。粤若子艺所品，盖兼昔人之所长，得川原之隽味。其器宏以深，其思冲以淡，其才清以越，具可想也。殆与泉茗相浑化者矣，不足以洗尘嚣而谢膏绮乎？重违嘉恳，勉缀首简。第即席摛辞，愧不工耳。

引　小小洞天居士

昔我田隐翁，尝自委曰“泉石膏肓”。噫！夫以膏肓之病，固神医之所不治者也；而在于泉石，则其病亦甚奇矣。余少患此病，心已忘之，而人皆咎余之不治。然遍检方书，苦无对病之药。偶居山中，遇淡若叟，向余曰：“此病固无恙也，子欲治之，即当煮清泉白石，加以苦茗，服之久久，虽辟谷可也，又何患于膏肓之病邪？”余敬顿首受之，遂依法调饮，自觉其效日著。因广其意，条辑成编，以付司鼎山童，俾遇有同病之客来，便以此荐之。若有如煎金玉汤者来，慎弗出之，以取彼之鄙笑。时嘉靖甲寅秋孟中元日也。

品　目

煮泉小品　明　武林子艺田艺蘅　撰

源泉

积阴之气为水。水本曰源，源曰泉。水本作𣱱，象众水并流，中有微阳之气也。省作水。源本作原，亦作厵，从泉出厂下；厂，山岩之可居者；省作原，今作源。泉本作𤽄，象水流出成川形也。知三字之义，而泉之品思过半矣。

山下出泉曰蒙。蒙，稚也，物稚则天全，水稚则味全。故鸿渐曰“山水上”。其曰“乳泉石池漫流者”，蒙之谓也。其曰“瀑涌湍激者”，则非蒙矣，故戒人勿食。

混混不舍，皆有神以主之，故天神引出万物。而《汉书》三神山岳，其一也。

源泉必重，而泉之佳者尤重。余杭徐隐翁尝为余言：以凤皇山泉，较阿姥墩百花泉，便不及五钱。可见仙源之胜矣。

山厚者泉厚，山奇者泉奇，山清者泉清，山幽者泉幽，皆佳品也。不厚则薄，不奇则蠢，不清则浊，不幽则喧，必无佳泉。

山不亭处，水必不亭。若亭，即无源者矣，旱必易涸。

石流

石，山骨也；流，水行也。山宣气以产万物，气宣则脉长，故曰“山水上”。《博物志》：“石者，金之根甲。石流精以生水。”又曰："山泉者，引地气也。"

泉非石出者必不佳。故《楚辞》云："饮石泉兮荫松柏。"皇甫曾送陆羽诗："幽期山寺远，野饭石泉清。"梅尧臣《碧霄峰茗》诗："烹处石泉嘉。"又云："小石冷泉留早味。"诚可谓赏鉴者矣。咸，感也。山无泽，则必崩；泽感而山不应，则将怒而为洪。

泉往往有伏流沙土中者，挹之不竭即可食。不然则渗潴之潦耳，虽清勿食。流远则味淡，须深潭渟畜，以复其味，乃可食。

泉不流者，食之有害。《博物志》："山居之民，多瘿肿疾，由于饮泉之不流者。"

泉涌出曰渍。在在所称珍珠泉者，皆气盛而脉涌耳，切不可食，取以酿酒或有力。

泉有或涌而忽涸者，气之鬼神也。刘禹锡诗"沸井今无涌"是也。否则徙泉、喝水，果有幻术邪。

泉悬出曰沃，暴溜曰瀑，皆不可食。而庐山水帘，洪州天台瀑布，皆入水品，与陆《经》背矣。故张曲江《庐山瀑布》诗："吾闻山下蒙，今乃林峦表。物性有诡激，坤元曷纷矫。默然置此去，变化谁能了。"则识者固不食也。然瀑布实山居之珠箔锦幕也，以供耳目，谁曰不宜。

清寒

清，朗也，静也，澄水之貌。寒，洌也，冻也，覆冰之貌。泉不难于清，而难于寒。其濑峻流驶而清，岩奥阴积而寒者，亦非佳品。

石少土多沙腻泥凝者，必不清寒。

蒙之象曰果行，井之象曰寒泉。不果则气滞而光不澄，不寒则性燥而味必啬。

冰，坚水也，穷谷阴气所聚。不泄则结，而为伏阴也。在地英明者，惟水，而冰则精而且冷，是固清寒之极也。谢康乐诗："凿冰煮朝飧"；《拾遗记》："蓬莱山冰水，饮者千岁。"

下有石硫黄者，发为温泉，在在有之。又有共出一壑，半温半冷者，亦在在有之，皆非食品。特新安黄山朱砂汤泉可食。《图经》云："黄山旧名黟山，东峰下有朱砂汤泉可点茗，春色微红，此则自然之丹液也。"《拾遗记》："蓬莱山沸水，饮者千岁。"此又仙饮。

有黄金处水必清，有明珠处水必媚，有孑鲋处水必腥腐，有蛟龙处水必洞黑。媺恶不可不辨也。

甘香

甘，美也；香，芳也。《尚书》："稼穑作甘黍。"甘为香，黍惟甘香，故能养人。泉惟甘香，故亦能养人。然甘易而香难，未有香而不甘者也。

味美者曰甘泉，气芳者曰香泉，所在间有之。

泉上有恶木，则叶滋根润，皆能损其甘香。甚者能酿毒液，尤宜去之。

甜水以甘称也。《拾遗记》："员峤山北，甜水绕之，味甜如蜜。”《十洲记》:“元洲玄涧，水如蜜浆。饮之，与天地相毕。”又曰:“生洲之水，味如饴酪。”

水中有丹者，不惟其味异常，而能延年却疾，须名山大川诸仙翁修炼之所有之。葛玄少时，为临沅令。此县廖氏家世寿，疑其井水殊赤，乃试掘井左右，得古人埋丹砂数十斛。西湖葛井，乃稚川炼丹所在。马家园后淘井出石瓮，中有丹数枚，如芡实，啖之无味，弃之。有施渔翁者，拾一粒食之，寿一百六岁。此丹水尤不易得。凡不净之器，切不可汲。

宜茶

茶，南方嘉木，日用之不可少者。品固有嫩恶，若不得其水，且煮之不得其宜，虽佳弗佳也。

“茶如佳人”，此论虽妙，但恐不宜山林间耳。昔苏子瞻诗:“从来佳茗似佳人”，曾茶山诗“移人尤物众谈夸”，是也。若欲称之山林，当如毛女、麻姑，自然仙风道骨，不浼烟霞可也。必若桃脸柳腰，宜亟屏之销金帐中，无俗我泉石。

鸿渐有云:“烹茶于所产处无不佳，盖水土之宜也。”此诚妙论。况旋摘旋瀹，两及其新邪。故《茶谱》亦云:“蒙之中顶茶，若获一两，以本处水煎服，即能祛宿疾”，是也。今武林诸泉，惟龙泓入品，而茶亦惟龙泓山为最。盖兹山深厚高大，佳丽秀越，为两山之主。故其泉清寒甘香，雅宜煮茶。虞伯生诗:“但见飘中清，翠影落群岫。烹煎黄金芽，不取谷雨后。”姚公绶诗:“品尝顾渚风斯下，零落《茶经》奈尔何。”则风味可知矣，又况为葛仙翁炼丹之所哉！又其上为老龙泓，寒碧倍之。其地产茶，为南北山绝品。鸿渐第钱唐天竺、灵隐者为下品，当未识此耳。而《郡志》亦只称宝云、香林、白云诸茶，皆未若龙泓之清馥隽永也。余尝一一试之，求其茶泉双绝，两浙罕伍云。

龙泓今称龙井，因其深也。《郡志》称有龙居之，非也。盖武林之山，皆发源天目，以龙飞凤舞之谶，故西湖之山，多以龙名，非真有龙居之也。有龙则泉不可食矣。泓上之阁，亟宜去之。浣花诸池，尤所当浚。

鸿渐《品茶》又云：“杭州下，而临安、於潜生于天目山，与舒州同，固次品也。”叶清臣则云：“茂钱唐者，以径山稀。”今天目远胜径山，而泉亦天渊也。洞霄次径山。

严子濑一名七里滩，盖砂石上曰濑、日滩也。总谓之浙江。但潮汐不及，而且深澄，故入陆品耳。余尝清秋泊钓台下，取囊中武夷、金华二茶试之，固一水也，武夷则黄而燥冽，金华则碧而清香，乃知择水当择茶也。鸿渐以婺州为次，而清臣以白乳为武夷之右，今优劣顿反矣。意者所谓离其处，水功其半者耶？

茶自浙以北者皆较胜。惟闽广以南，不惟水不可轻饮，而茶亦当慎之。昔鸿渐未详岭南诸茶，仍云“往往得之，其味极佳”。余见其地多瘴疠之气，染着草木，北人食之，多致成疾，故谓人当慎之，要须采摘得宜，待其日出山霁，露收岚净可也。

茶之团者片者，皆出于碾硙之末，既损真味，复加油垢，即非佳品，总不若今之芽茶也。盖天然者自胜耳。曾茶山《日铸茶》诗“宝銙不自乏，山芽安可无”，苏子瞻《壑源试焙新茶》诗：“要知玉雪心肠好，不是膏油首面新”是也。且末茶瀹之有屑，滞而不爽，知味者当自辨之。

芽茶以火作者为次，生晒者为上，亦更近自然，且断烟火气耳。况作人手器不洁，火候失宜，皆能损其香色也。生晒茶瀹之瓯中，则旗枪舒畅，清翠鲜明，尤为可爱。

唐人煎茶，多用姜盐。故鸿渐云：“初沸水合量，调之以盐味。”薛能诗：“盐损添常戒，姜宜着更夸。”苏子瞻以为茶之中等，用姜煎信佳，盐则不可。余则以为二物皆水厄也。若山居饮水，少下二物，以减岚气或可耳。而有茶，则此固无须也。

今人荐茶，类下茶果，此尤近俗。纵是佳者，能损真味，亦宜去之。且下果则必用匙，若金银，大非山居之器，而铜又生腥，皆不可也。若旧称北人和以酥酪，蜀人入以白盐，此皆蛮饮，固不足责。

人有以梅花、菊花、茉莉花荐茶者，虽风韵可赏，亦损茶味。如有佳茶，亦无事此。

有水有茶，不可无火。非无火也，有所宜也。前人云：“茶须缓火炙，活火煎。”活火，谓炭火之有焰者，苏轼诗“活火仍须活水烹”是也。余则以为山中不常得炭，且死火耳，不若枯松枝为妙。若寒月多拾松实，蓄为煮茶之具，更雅。

人但知汤候，而不知火候，火然则水干，是试火先于试水也。

《吕氏春秋》：伊尹说汤五味，九沸九变，火为之纪。

汤嫩则茶味不出，过沸则水老而茶乏。惟有花而无衣，乃得点瀹之睺耳。

唐人以对花啜茶为杀风景，故王介甫诗："金谷千花莫漫煎。"其意在花，非在茶也。余则以为金谷花前，信不宜矣。若把一瓯对山花啜之，当更助风景，又何必羔儿酒也。

煮茶得宜，而饮非其人，犹汲乳泉以灌蒿莸，罪莫大焉。饮之者一吸而尽，不暇辨味，俗莫甚焉。

灵水

灵，神也。天一生水，而精明不淆。故上天自降之泽，实灵水也，古称"上池之水"者非与，要之皆仙饮也。

露者，阳气胜而所散也。色浓为甘露，凝如脂，美如饴，一名膏露，一名天酒。《十洲记》"黄帝宝露"，《洞冥记》"五色露"，皆灵露也。《庄子》曰："姑射山神人，不食五谷，吸风饮露。"《山海经》："仙丘绛露，仙人常饮之。"《博物志》："沃渚之野，民饮甘露。"《拾遗记》："含明之国，承露而饮。"《神异经》："西北海外人长二千里，日饮天酒五斗。"《楚辞》："朝饮木兰之坠露。"是露可饮也。

雪者，天地之积寒也。《氾胜书》："雪为五谷之精。"《拾遗记》："穆王东至大巇之谷，西王母来进嵊州甜雪。"是灵雪也。陶縠取雪水烹团茶。而丁谓《煎茶》诗："痛惜藏书箧，坚留待雪天。"

李虚己《建茶呈学士》:“试将梁苑雪，煎动建溪春。”是雪尤宜茶饮也。处士列诸末品，何邪?意者以其味之燥乎?若言太冷，则不然矣。

雨者，阴阳之和，天地之施，水从云下，辅时生养者也。和风顺雨，明云甘雨。《拾遗记》:“香云遍润，则成香雨。”皆灵雨也，固可食。若夫龙所行者，暴而霆者，旱而冻者，腥而墨者，及檐溜者，皆不可食。

《文子》曰:“水之道，上天为雨露，下地为江河。”均一水也，故特表灵品。

异泉

异，奇也，水出地中，与常不同，皆异泉也，亦仙饮也。

醴泉，醴一宿酒也，泉味甜如酒也。圣王在上，德普天地，刑赏得宜，则醴泉出。食之，令人寿考。

玉泉，玉石之精液也。《山海经》:“密山出丹水，中多玉膏。其源沸汤，黄帝是食。”《十洲记》:“瀛洲玉石高千丈，出泉如酒味甘，名玉醴泉，食之长生。又方丈洲有玉石泉。昆仑山有玉水。”《尹子》曰:“凡水方折者有玉。”

乳泉，石钟乳山骨之膏髓也。其泉色白而体重，极甘而香，若甘露也。

朱砂泉，下产朱砂，其色红，其性温。食之延年却疾。

云母泉，下产云母，明而泽，可炼为膏，泉滑而甘。

茯苓泉，山有古松者多产茯苓，《神仙传》："松脂瀹入地中，千岁为茯苓也。"其泉或赤或白，而甘香倍常。又术泉亦如之。非若杞菊之产于泉上者也。

金石之精，草木之英，不可殚述。与琼浆并美，非凡泉比也。故为异品。

江水

江，公也，众水共入其中也。水共则味杂。故鸿渐曰"江水中"，其曰"取去人远者"，盖去人远，则澄深而无荡漾之漓耳。

泉自谷而溪而江而海，力以渐而弱，气以渐而薄，味以渐而咸，故曰水，曰润下。润下作咸，旨哉。又《十洲记》："扶桑碧海，水既不咸苦，正作碧色，甘香味美。"此固神仙之所食也。

潮汐近地，必无佳泉，盖斥卤诱之也。天下湖汐，惟武林最盛，故无佳泉。西湖山中则有之。

扬子，固江也。其南泠则夹石渟渊，特入首品。余尝试之，诚与山泉无异。若吴淞江，则水之最下者也，亦复入首品，甚不可解。

井水

井，清也，泉之清洁者也；通也，物所通用者也；法也；节也；法制居人，令节饮食，无穷竭也。其清出于阴，其通入于淆，其法节由于不得已。脉暗而味滞，故鸿渐曰“井水下”，其曰“井取汲多者”，盖汲多则气通而流活耳。终非佳品，勿食可也。

市廛居民之井，烟爨稠密，污秽渗漏，特潢潦耳。在郊原者庶几。

深井多有毒气。葛洪方：五月五日，以鸡毛试投井中，毛直下，无毒；若回四边，不可食。淘法：以竹筛下水，方可下浚。

若山居无泉，凿井得水者，亦可食。

井味咸色绿者，其源通海。旧云：东风时，凿井则通海脉，理或然也。

井有异常者，若火井、粉井、云井、风井、盐井、胶井，不可枚举；而冰井则又纯阴之寒沍也。皆宜知之。

绪谈

凡临佳泉，不可容易漱濯。犯者每为山灵所憎。

泉坎须越月淘之，革故鼎新，妙运当然也。

山水固欲其秀而荫，若丛恶则伤泉。今虽未能使瑶草、琼花披拂其上，而修竹、幽兰自不可少。

作屋覆泉，不惟杀尽风景，亦且阳气不入，能致阴损，戒之戒之。若其小者，作竹罩以笼之，防其不洁之侵，胜屋多矣。

泉中有虾、蟹、孑、虫，极能腥味，亟宜淘净之。僧家以罗滤水而饮，虽恐伤生，亦取其洁也。包幼嗣《净律院》诗“滤水浇新长”，马戴《禅院》诗“滤泉侵月起”，僧简长诗“花壶滤水添”，是也。于鹄《过张老园林》诗“滤水夜浇花”，则不惟僧家戒律为然，而修道者亦所当尔也。

泉稍远而欲其自入于山厨，可接竹引之。承之以奇石，贮之以净缸，其声尤琤琮可爱。骆宾王诗“刳木取泉遥”，亦接竹之意。

去泉再远者，不能自汲，须遣诚实山童取之，以免石头城下之伪。苏子瞻爱玉女河水，付僧调水符取之，亦惜其不得枕流焉耳。故曾茶山《谢送惠山泉》诗：“旧时水递费经营。”

移水而以石洗之，亦可以去其摇荡之浊滓。若其味则愈扬愈减矣。

移水取石子置瓶中，虽养其味，亦可澄水，令之不淆。黄鲁直《惠山泉》诗“锡谷寒泉撱石俱”是也。

择水中洁净白石，带泉煮之，尤妙尤妙。

汲泉道远，必失原味。唐子西云：“茶不问团銙，要之贵新。水不问江井，要之贵活。”又云：“提瓶走龙塘，无数千步，此水宜茶，不减清远峡。而海道趋建安，不数日可至。故新茶不过三月至矣。”今据所称，已非嘉赏。盖建安皆碾硙茶，且必三月而始得。不若今之芽茶，于清明谷雨之前，陟采而降煮也。数千步取塘水，较之石泉新汲，左杓右铛，又何如哉。余尝谓二难具享，诚山居之福也。

山居之人，固当惜水，况佳泉更不易得，尤当惜之，亦作福事也。章孝标《松泉》诗：“注瓶云母滑，漱齿茯苓香。野客偷煎茗，山僧惜净床。”夫言偷则诚贵矣，言惜则不贱用矣。安得斯客斯僧也，而与之为邻邪。

山居有泉数处，若冷泉，午月泉，一勺泉，皆可入品。其视虎丘石水，殆主仆矣，惜未为名流所赏也。泉亦有幸有不幸邪。要之，隐于小山僻野，故不彰耳。竟陵子可作，便当煮一杯水，相与荫青松，坐白石，而仰视浮云之飞也。

后　跋

子艺作泉品，品天下之泉也。予问之曰："尽乎？"子艺曰："未也。夫泉之名，有甘、有醴、有冷、有温、有廉、有让，有君子焉，皆荣也。在广有贪，在柳有愚，在狂国有狂，在安丰军有咄，在日南有淫，虽孔子亦不饮者，有盗皆辱也。"予闻之曰："有是哉，亦存乎其人尔。天下之泉一也，惟和士饮之则为甘，祥士饮之则为醴，清士饮之则为冷，厚士饮之则为温；饮之于伯夷则为廉，饮之于虞舜则为让，饮之于孔门诸贤则为君子。使泉虽恶，亦不得而污之也。恶乎辱？泉遇伯封可名为贪，遇宋人可名为愚，遇谢奕可名为狂，遇楚项羽可名为咄，遇郑卫之俗可名为淫，其遇跖也又不得不名为盗。使泉虽美，亦不得而自濯也，恶乎荣？"子艺曰："噫，予品泉矣，子将兼品其人乎？予山中泉数种，请附其语于集，且以贻同志者，毋混饮以辱吾泉。"余杭蒋灼题。

遵生八笺·茶

高　濂

论茶品

茶之产于天下，多矣。若剑南有蒙顶石花，湖州有顾渚紫笋，峡州有碧涧、明月，邛州有火井、思安，渠江有薄片，巴东有真香，福州有柏岩，洪州有白露，常之阳羡，婺之举岩，丫山之阳坡，龙安之骑火，黔阳之都濡高株，泸川之纳溪梅岭。之数者，其名皆著。品第之，则石花最上，紫笋次之，又次则碧涧、明月之类是也。惜皆不可致耳。若近时虎丘山茶亦可称奇，惜不多得。若天池茶，在谷雨前收细芽，炒得法者青翠芳馨，嗅亦消渴。若真岕茶，其价甚重，两倍天池。惜乎难得。须用自己令人采收方妙。又如浙之六安，茶品亦精，但不善炒不能发香而味苦。茶之本性实佳。如杭之龙泓【即龙井也】茶，真者天池不能及也。山中仅有一二家炒法甚精，近有山僧焙者亦妙。但出龙井者方妙。而龙井之山不过十数亩。此外有茶似皆不及。附近假充，犹之可也。至于北山西溪俱充龙井，即杭人识龙井茶味者亦少，以乱真多耳。意者，天开龙井美泉，山灵特生佳茗以副之耳。不得其远者，当以天池龙井为最。此外天竺灵隐，为龙井之次。临安于潜，生于天目山者与舒州同，亦次品也。茶自浙以北皆较胜，惟闽广以南，不惟水不可轻饮而茶亦宜慎。昔鸿渐未详岭南诸茶，乃云岭南茶味极佳。孰知岭南之地多瘴疠之气，染着草木，北人食之，多致成疾，故常慎之。要当采时，待其日出山霁，雾障山岚收净，采之可也。茶团茶片，皆出碾硙，大失真味。茶以日晒者佳，其青翠香洁，更胜火炒多矣。

采　茶

团黄有一旗一枪之号，言一叶一芽也。凡早取为茶，晚取为荈。谷雨前后收者为佳，粗细皆可用。惟在采摘之时天色晴明，炒焙适中，盛贮如法。

藏　茶

茶宜箬叶而畏香药，喜温燥而忌冷湿。故收藏之家以箬叶封裹，入焙中，两三日一次。用火当如人体温，温则去湿润。若火多则茶焦，不可食矣。

又云：以中坛盛茶，十斤一瓶。每年烧稻草灰入大桶，茶瓶坐桶中，以灰四面填桶，瓶上覆灰筑实。每用，拨灰开瓶，取茶些少，仍复覆灰，再无蒸坏。次年换灰为之。

又云：空楼中悬架，将茶瓶口朝下放，不蒸。原蒸自天而下，故宜倒放。若上二种芽茶，除以清泉烹外，花香杂果俱不容入。人有好以花拌茶者，此用平等细茶拌之，庶茶味不减，花香盈颊，终不脱俗。如橙茶、莲花茶，于日未出时将半含莲花拨开，放细茶一撮，纳满蕊中，以麻皮略絷，令其经宿。次早摘花，倾出茶叶，用建纸包茶焙干。再如前法又将茶叶入别蕊中，如此者数次。取其焙干收用，不胜香美。

木樨、茉莉、玫瑰、蔷薇、兰蕙、橘花、栀子、木香、梅花，皆可作茶。诸花开时，摘其半含半放蕊之香气全者，量其茶叶多少摘花为拌。花多则太香而脱茶韵，花少则不香而不尽美。三停茶叶一停花，始称。假如木樨花，须去其枝蒂及尘垢虫蚁。用磁罐，一层花一层茶，投间至满，纸箬絷固。入锅重汤煮之，取出待冷。用纸封裹，置火上焙干收用。诸花仿此。

煎茶四要

一、择水

凡水泉不甘，能损茶味。故古人择水最为切要：山水上，江水次，井水下。山水，乳泉漫流者为上。瀑涌湍激勿食，食久令人有颈疾。

江水取去人远者，井水取汲多者。如蟹黄混浊咸苦者，皆勿用。若杭湖心水，吴山第一泉，郭璞井，虎跑泉，龙井，葛仙翁井，俱佳。

二、洗茶

凡烹茶先以热汤洗茶叶，去其尘垢、冷气。烹之则美。

三、候汤

凡茶须缓火炙、活火煎。活火谓炭火之有焰者。当使汤无妄沸庶可养茶，始则鱼目散布，微微有声。中则四边泉涌，累累连珠。终则腾波鼓浪，水气全消，谓之老汤。三沸之法，非活火不能成也。最忌柴叶烟熏煎茶，为此,《清异录》云“五贼六魔汤”也。

凡茶少汤多，则云脚散。汤少茶多，则乳面聚。

四、择品

凡瓶要小者，易候汤，又点茶注汤相应。若瓶大啜存，停久味过，则不佳矣。茶铫茶瓶，磁砂为上，铜锡次之。磁壶注茶，砂铫煮水为上。《清异录》云:“富贵汤。当以银铫煮汤，佳甚。铜铫煮水，锡壶注茶，次之。”

茶盏，惟宣窑坛盏为最，质厚白莹，样式古雅。有等宣窑，印花白瓯，式样得中而莹然如玉。次则嘉窑心内茶字小盏为美。欲试茶色黄白，岂容青花乱之。注酒亦然，惟纯白色器皿为最上乘品，余皆不及。

试茶三要

一、涤器

茶瓶、茶盏、茶匙，生铁【音星】致损茶味，必须先时洗洁则美。

二、熁盏

凡点茶，先须熁盏令热，则茶面聚乳。冷则茶色不浮。

三、择果

茶有真香，有佳味，有正色。烹点之际不宜以珍果香草杂之。夺其香者，松子、柑橙、莲心、木瓜、梅花、茉莉、蔷薇、木樨之类也。夺其味者，牛乳、番桃、荔枝、圆眼、枇杷之类是也。夺其色者，柿饼、胶枣、火桃、杨梅、橙、橘之类是也。凡饮佳茶，去果方觉清绝，杂之则无辨矣。若欲用之，所宜核桃、榛子、瓜仁、杏仁、榄仁、栗子、鸡头、银杏之类或可用也。

茶　效

人饮真茶能止渴消食，除痰少睡，利水道，明目益思【出《本草拾遗》】，除烦去腻。人固不可一日无茶，然或有忌而不饮，每食已辄以浓茶漱口，烦腻既去而脾胃不损。凡肉之在齿间者，得茶漱涤之，乃尽消缩，不觉脱去，不烦刺挑也。而齿性便苦，缘此渐坚密，蠹毒自已矣。然率用中茶。

茶具十六器

收贮于器局供役苦节君者，故立名管之，盖欲归统于一，以其素有贞心雅操而自能收之也。

商象：古石鼎也。用以煎茶。

归洁：竹筅帚也。用以涤壶。

分盈：杓也。用以量水斤两。

递火：铜火斗也。用以搬火。

降红：铜火箸也。用以簇火。

执权：准茶秤也。每杓水二斤，用茶一两。

团风：素竹扇也。用以发火。

漉尘：茶洗也。用以洗茶。

静沸：竹架。即《茶经》支腹也。

注春：磁瓦壶也。用以注茶。

运锋：劖果刀也。用以切果。

甘钝：木砧墩也。

啜香：磁瓦瓯也。用以啜茶。

掩云：竹茶匙也。用以取果。

纳敬：竹茶橐也。用以放盏。

受污：拭抹布也。用以洁瓯。

总贮茶器七具

苦节君：煮茶竹炉也。用以煎茶。

建城：以箬为笼。封茶以贮高阁。

云屯：磁瓶。用以杓泉，以供煮也。

乌府：以竹为篮。用以盛炭，为煎茶之资。

水曹：即磁缸瓦缶。用以贮泉，以供火鼎。

器局：竹编为方箱。用以收茶具者。

外有品司：竹编圆橦提合，用以收贮各品茶叶。以待烹品者也。

论泉水

田子艺曰："山下出泉为蒙，稚也。"物稚则天全，水稚则味全。故鸿渐曰："山水上。"其曰乳泉石池慢流者，蒙之谓也。其曰瀑涌湍激者，则非蒙矣。宜戒人勿食。

混混不舍，皆有神以主之。故天神引出万物，而《汉书》三神山岳，其一也。

源泉必重，而泉之佳者尤重。余杭徐隐翁尝为余言："以凤凰山泉较阿姥墩百花泉，便不及五泉。"可见仙源之胜矣。

山厚者泉厚，山奇者泉奇，山清者泉清，山幽者泉幽，皆佳品也。不厚则薄，不奇则蠢，不清则浊，不幽则喧，必无佳泉。

山不停处水必不停，若停即无源者矣。旱必易涸。

石　流

石，山骨也。流，水行也。山宣气以产万物，气宣则脉长。故曰："山水上。"《博物志》曰："石者，金之根甲。石流精以生水。"又曰："山泉者，引地气也。"

泉，非石出者必不佳。故《楚辞》云："饮石泉兮荫松柏。"皇甫曾送陆羽诗："幽期山寺远，野饭石泉清。"梅尧臣《碧霄峰茗》诗："烹处石泉嘉。"又云："小石冷泉留早味。"诚可为赏鉴者矣。

泉往往有伏流沙土中者，挹之不竭即可食。不然，则渗潴之潦耳，虽清勿食。

流远则味淡。须深潭停畜，以复其味。乃可食。

泉不流者，食之有害。《博物志》曰："山居之民多瘿肿疾，由于饮泉之不流者。"

泉涌出曰"渍"，在在所称珍珠泉者，皆气盛而脉涌耳，切不可食。取以酿酒或有力。

泉悬出曰"沃"，暴溜曰"瀑"，皆不可食。而庐山水帘，洪州天台瀑布，皆入水品，与陆《经》背矣。故张曲江《庐山瀑布》诗："吾闻山下蒙，今乃林峦表。物性有诡激，坤元曷纷矫。默然置此去，变化谁能了。"则识者固不食也。然瀑布实山居之珠箔锦幕也，以供耳目，谁曰不宜？

清　寒

清，朗也，静也，澄水之貌。寒，冽也，冻也，覆水之貌。泉不难于清而难于寒。其濑峻流驶而清、岩奥阴积而寒者，亦非佳品。

石少土多沙腻泥凝者，必不清寒。

《蒙》之象曰“果行”,《井》之象曰“寒泉”。不果则气滞而光不澄，不寒则性燥而味必啬。

冰，坚水也。穷谷阴气所聚不泄，则结而为伏阴也。在地英明者惟水，而冰则精而且冷，是固清寒之极也。谢康乐诗:“凿冰煮朝飧。”《拾遗记》:“蓬莱山冰水，饮者千岁。”

下有石硫黄者发为温泉，在在有之。又有共出一壑半温半冷者，亦在在有之。皆非食品。特，新安黄山朱砂汤泉可食,《图经》云:“黄山旧名黟山，东峰下有朱砂汤泉，可点茗。春色微红，此则自然之丹液也。”《拾遗记》:“蓬莱山沸水，饮者千岁。”此又仙饮。

有黄金处水必清。有明珠处水必媚。有子鲋处水必腥腐。有蛟龙处水必洞黑。媺恶不可不辨也。

甘　香

甘，美也。香，芳也。《尚书》:“稼穑作甘黍。”甘为香。黍惟甘香，故能养人。泉惟甘香，故亦能养人。然甘易而香难，未有香而不甘者也。

味善者曰甘泉，气芳者曰香泉，所在间有之。泉上有恶木，则叶滋根润，皆能损其甘香。甚者能酿毒液，尤宜去之。

甜水，以甘称也。《拾遗记》："员峤山北，甜水绕之，味甜如蜜。"《十洲记》："元洲玄涧，水如蜜浆，饮之与天地相毕。"又曰："生洲之水，味如饴酪。"

水中有丹者，不唯其味异常而能延年却疾。须名山大川诸仙翁修炼之所有之。葛玄少时为临沅令，此县廖氏家世寿。疑其井水殊赤，乃试掘井左右，得古人埋丹砂数十斛。西湖葛井，乃稚川炼丹所在。马家园后淘井出石瓮，中有丹数枚，如芡实，啖之无味，弃之。有施渔翁者，拾一粒食之，寿一百六岁。此丹水尤不易得，凡不净之器，切不可汲。

煮茶得宜而饮非其人，犹汲乳泉以灌蒿莱，罪莫大焉。饮之者一吸而尽，不暇辨味，俗莫甚焉。

灵　水

灵，神也。天一生水而精明不淆，故上天自降之泽，实灵水也。古称"上池之水"者非欤？要之皆仙饮也。大瓮收藏黄梅雨水雪水，下放鹅子石十数块，经年不坏。用栗炭三四寸许，烧红投淬水中，不生跳虫。

灵者，阳气胜而所散也。色浓为甘露，凝如脂，美如饴，一名膏露一名天酒是也。

雪者，天地之积寒也。《氾胜书》："雪为五谷之精。"《拾遗记》："穆王东至大擨之谷，西王母来进嵰州甜雪。"是灵雪也。陶穀取雪水烹团茶。而丁谓《煎茶》诗："痛惜藏书箧，坚留待雪天。"李虚己《建茶呈学士》诗："试将梁苑雪，煎动建溪春。"是雪尤宜茶饮也。处士列诸末品，何邪？意者以其味之燥乎？若言太冷，则不然矣。

雨者，阴阳之和，天地之施，水从云下，辅时生养者也。和风顺雨，明云甘雨。《拾遗记》："香云遍润，则成香雨。"皆灵雨也，固可食。若夫龙所行者，暴而霪者，旱而冻者，腥而墨者，及檐溜者，皆不可食。

潮汐近地，必无佳泉，盖斥卤诱之也。天下潮汐，惟武林最盛，故无佳泉。西湖山中则有之。

扬子，固江也。其南泠则夹石渟渊，特入首品。余尝试之，诚与山泉无异。若吴淞江，则水之最下者也，亦复入首品，甚不可解。

井　水

井，清也，泉之清洁者也；通也，物所通用者也；法也；节也；法制居人，令节饮食，无穷竭也。其清出于阴，其通入于淆，其法节由于不得已。脉暗而味滞，故鸿渐曰"井水下"，其曰"井取汲多者"，盖汲多则气通而流活耳。终非佳品。养水取白石子入瓮中，虽养其味，亦可澄水不淆。

高子曰：“井水美者，天下知钟冷泉矣。然而焦山一泉，余会味过数四，不减钟冷。”惠山之水，味淡而清，允为上品。吾杭之水，山泉以虎跑为最。老龙井、真珠寺二泉亦甘。北山葛仙翁井水，食之味厚。城中之水，以吴山第一泉首称。予品不及施公井、郭婆井二水，清洌可茶。若湖南近二桥中水，清晨取之，烹茶妙甚。无伺他求。

阳羡茗壶系　洞山岕茶系

周高起

茗壶岕茶系　序

吾乡尚宜兴岕茶，尤尚宜兴瓷壶。陈贞慧《秋园杂佩》言之而不详。尝检《宜兴志》考其缘始，所载岕茶甚略，而论瓷壶则多引江阴周高起《阳羡茗壶系》及检《江阴新志·周高起传》，仅言其有《读书志》而未及其他。甲申，在羊城书肆获《茗壶系》钞本一册。今年春，汪君芙生寄示粤刻丛书中有《茗壶系》，后附《洞山岕茶系》一卷，亦高起所撰。惟粤板及前得钞本均多讹舛，无别本可校。《宜兴志》尚有吴骞《阳羡名陶录》，序云："《茗壶系》多漏略。复加增润，厘为二卷，曰《名陶录》。"今《名陶录》亦不可得。而江阴明人著述甚稀，此二系亦谱录中之隽逸者，足资考证。姑就所知并《宜兴志》所引《茗壶系》稍事订正，因合《岕茶系汇梓》

丛书中。其《读书志》盖无可访求矣。高起弟荣起，亦明诸生，究心六书，汲古阁刊板多其手校。荣起女淑祜、淑禧均工诗善画，尤为时所称。并附识之。

光绪十四年夏六月　金武祥序于梧州

江阴县志忠义传

周高起，字伯高。博闻强识。工古文辞。早岁饩于庠，与徐遵汤同修县志。居由里山，游兵突至，被执索赀，怒詈不屈死。著有《读书志》。

阳羡茗壶系　明·江阴　周高起　伯高

壶于茶具，用处一耳。而瑞草名泉，性情攸寄，实仙子之洞天福地，梵王之香海莲邦。审厥尚焉，非曰好事已也。故茶至明代，不复碾屑、和香药、制团饼，此已远过古人。近百年中，壶黜银锡及闽豫瓷，而尚宜兴陶，又近人远过前人处也。陶曷取诸，取诸其制，以本山土砂能发真茶之色、香、味，不但杜工部云“倾金注玉惊人眼”，高流务以免俗也。至名手所作，一壶重不数两，价重每一二十金，能使土与黄金争价。世日趋华，抑足感矣。因考陶工、陶土而为之系。

创始

金沙寺僧，久而逸其名矣。闻之陶家云：僧闲静有致，习与陶缸瓮者处。抟其细土，加以澄练。捏筑为胎，规而圆之。刳使中空，踵傅口、柄、盖的，附陶穴烧成，人遂传用。

正始

供春，学使吴颐山家青衣也。颐山读书金沙寺中，供春于给役之暇，窃仿老僧心匠，亦淘细土抟胚，茶匙穴中，指掠内外，指螺文隐起可按，胎必累按，故腹半尚现节腠，视以辨真。今传世者，栗色暗　暗如古金铁，敦庞周正，允称神明垂则矣。世以其孙龚姓，亦书为龚春【人皆证为龚，予于吴冋卿家，见时大彬所仿，则刻供春二字，足折聚讼云】。

董翰，号后谿。始造菱花式，已殚工巧。

赵梁，多提梁式，亦有传为名良者。

袁锡【按：袁姓，据《秋园杂佩》更正】。

时朋，即大彬父，是为四名家。万历间人。

皆供春之后劲也。董文巧而三家多古拙。

李茂林，行四，名养心。制小圆式，妍在朴致中，允属名玩。自此以往，壶乃另作瓦囊，闭入陶穴。故前此名壶，不免沾缸坛油泪。

大家

时大彬，号少山。或淘土，或杂硇砂土，诸款具足，诸土色亦具足。不务妍媚而朴雅坚栗，妙不可思。初自仿供春得手，喜作大壶。后游娄东，闻眉公与琅琊太原诸公品茶、施茶之论，乃作小壶。几案有一具，生人闲远之思，前后诸名家并不能及。遂于陶人标大雅之遗，擅空群之目矣。

名家

李仲芳，行大，茂林子。及时大彬门，为高足第一。制度渐趋文巧，其父督以敦古。仲芳尝手一壶视其父曰："老兄，这个如何?"俗因呼其所作为"老兄壶"。后入金坛，卒以文巧相竞。今世所传大彬壶，亦有仲芳作之。大彬见赏而自署款识者，时人语曰："李大瓶，是大名。"

徐友泉，名士衡，故非陶人也。其父好大彬壶，延致家塾。一日强大彬作泥牛为戏，不即从，友泉夺其壶土出门去，适见树下眠牛将起，尚屈一足。注视捏塑，曲尽厥状。携以视大彬，一见惊叹曰："如子智能，异日必出吾上!"因学为壶。变化其式，仿古尊罍诸器，配合土色所宜。毕智穷工，移人心目。予尝博考厥制，有汉方、扁觯、小云雷、提梁卣、蕉叶、莲方、菱花、鹅蛋、分裆索耳、美人垂莲、大顶莲、一回角、六子诸款。泥色有海棠红、朱砂紫、定窑白、冷金黄、淡墨、沉香、水石、榴皮、葵黄、闪色、梨皮诸名。种种变异，妙出心裁。然晚年恒自叹曰：“吾之精终不及时之粗。”

雅流

欧正春，多规花草果物，式度精妍。

邵文金，仿时大彬汉方，独绝。今尚寿。

邵文银。

蒋伯荂，名时英。四人并大彬弟子。蒋后客于吴，陈眉公为改其字之敷为荂。因附高流，讳言本业，然其所作，坚致不俗也。

陈用卿，与时同工而年技俱后。负力尚气，尝挂吏议。在缧绁中俗名陈三呆子。式尚工致，如莲子、汤婆、钵盂、圆珠诸制，不规而圆，已极妍。饬款仿钟太傅帖意。

陈信卿，仿时、李诸传器具，有优孟叔敖处，故非用卿族。品其所作，虽丰美逊之而坚瘦工整，雅自不群。貌寝意率，自夸洪饮。逐贵游闲，不务壹志尽技。间多伺弟子造成，修削署款而已。所谓心计转粗，不复唱《渭城》时也。

闵鲁生，名贤。制仿诸家，渐入佳境。人颇醇谨，见传器则虚心企拟，不惮改为，技也进乎道矣。

陈光甫，仿供春、时大，为入室。天夺其能，早眚一目。相视口的，不极端致。然经其手摹，亦具体而微矣。

神品

陈仲美，婺源人。初造瓷于景德镇，以业之者多，不足成其名，弃之而来。好配壶土，意造诸玩，如香盒、花杯、狻猊炉、辟邪镇纸。重锼叠刻，细极鬼工。壶象花果，缀以草虫。或龙戏海涛，伸爪出目。至塑大士像，庄严慈悯，神采欲生，璎珞花鬘，不可思议。智兼龙眠、道子。心思殚竭，以夭天年。

沈君用，名士良。踵仲美之智而妍巧悉敌。壶式上接欧正春一派，至尚象诸物，制为器用。不尚正方圆，而笋缝不苟丝发。配土之妙，色象天错。金石同坚，自幼知名。人呼之曰“沈多梳”【宜兴垂髫之称】。巧殚厥心，以甲申四月夭。

别派

诸人见汪大心《叶语》附记中【休宁人，字体兹，号古灵】。

邵盖、周后豀、邵二孙，并万历间人。

陈俊卿，亦时大彬弟子。

周季山、陈和之、陈挺生、承云从、沈君盛，善仿友泉、君用，并天启、崇祯间人。

沈子澈，崇祯时人。所制壶古雅浑朴。尝为人制菱花壶，铭之曰:“石根泉，蒙顶叶。漱齿鲜，涤尘热。”【按:此条据宜兴旧志增入。】

陈辰，字共之。工镌壶款，近人多假手焉。亦陶家之中书君也。

镌壶款识，即时大彬初倩能书者落墨。用竹刀画之或以印记，后竟运刀成字。书法闲雅，在《黄庭》《乐毅》帖间，人不能仿，赏鉴家用以为别。次则李仲芳，亦合书法，若李茂林，朱书号记而已。仲芳亦时代大彬刻款，手法自逊。

规仿名壶曰临，比于书画家入门时。

陶肆谣曰："壶家妙手称'三大'。"谓时大彬、李大仲芳、徐大友泉也。予为转一语曰："明代良陶让一时。"独尊大彬，固自匪佞。

相传壶土初出时，先有异僧经行村落，日呼曰"卖富贵"，人群嗤之。僧曰："贵不要买，买富何如？"因引村叟，指山中产土之穴，去及发之。果备五色，烂若披锦。

嫩泥出赵庄山，以和一切色。上乃黏脂可筑，盖陶壶之丞弼也。

石黄泥出赵庄山，即未触风日之石骨也。陶之乃变朱砂色。

天青泥出蠡墅，陶之变黯肝色。又其夹支有梨皮泥，陶现梨冻色，淡红泥陶现松花色，浅黄泥陶现豆碧色，蜜泥陶现轻赭色，梨皮和白沙陶现淡墨色。山灵腠络，陶冶变化，尚露种种光怪云。

老泥出团山，陶则白沙星星，按若珠琲。以天青、石黄和之，成浅深古色。

白泥出大潮山，陶瓶、盎、缸、缶用之。此山未经发用，载自吾乡白石山【江阴秦望之东北支峰】。出土诸山，其穴往往善徙。有素产于此忽又他穴得之者，实山灵有以司之。然皆深入数十丈乃得。

造壶之家，各穴门外一方地，取色土筛捣。部署讫，弇窖其中，名曰“养土”。取用配合，各有心法，秘不相授。壶成幽之，以候极燥，乃以陶瓮庋五六器封闭不隙，始鲜欠裂射油之患。过火则老，老不美观；欠火则稚，稚沙土气。若窑有变相，匪夷所思，倾汤贮茶，云霞绮闪，直是神之所为，亿千或一见耳。

陶穴环蜀山，山原名“独”。东坡先生乞居阳羡时，以似蜀中风景，改名此山也。祠祀先生于山椒，陶烟飞染，祠宇尽墨。按《尔雅·释山》云：“独者蜀。”则先生之锐改厥名。不徒桑梓殷怀，抑亦考古，自喜云尔。

壶供真茶，正在新泉活火。旋瀹旋啜，以尽色声香味之蕴。故壶宜小不宜大，宜浅不宜深，壶盖宜盎不宜砥。汤力茗香，俾得团结氤氲，宜倾竭即涤，去厥渟滓。乃俗夫强作解事，谓时壶质地坚洁，注茶越宿，暑月不馊。不知越数刻而茶败矣，安俟越宿哉！况真茶如莼脂，采即宜羹，如笋味触风随劣。悠悠之论，俗不可医。

壶经用久，涤拭日加，自发暗然之光，人手可鉴，此为书房雅供。若腻滓烂班，油光烁烁，是曰和尚光，最为贱相。每见好事家藏列，颇多名制，而爱护垢染，舒袖摩挲，惟恐拭去。曰：“吾以宝其旧色尔。”不知西子蒙不洁，堪充下陈否。即以注真茶，是藐姑射山之神人，安置烟瘴地面矣。岂不舛哉！

壶之土色，自供春而下及时大初年，皆细土淡墨色，上有银沙闪点，迨硇砂和制。縠绉周身，珠粒隐隐，更自夺目。

或问予：“以声论茶，是有说乎？”予曰：“竹垆幽讨，松火怒飞，蟹眼徐窥，鲸波乍起，耳根圆通，为不远矣。”然垆头风雨声，铜瓶易作，不免汤腥。砂铫亦嫌土气，惟纯锡为五金之母，以制茶铫，能益水德，沸亦声清。白金尤妙，第非山林所办尔。

壶宿杂气，满贮沸汤，倾即没冷水中，亦急出水写之，元气复矣。

品茶用瓯，白瓷为良。所谓“素瓷传静夜，芳气满闲轩”也。制宜弇口邃肠，色浮浮而香味不散。

茶洗式如扁壶，中加一盎，鬲而细窍，其底便过水漉沙。茶藏以闭洗过茶者，仲美、君用各有奇制，皆壶史之从事也。水杓、汤铫，亦有制之尽美者。要以椰匏锡器，为用之恒。

洞山岕茶系　明·江阴　周高起　伯高

唐李栖筠守常州，日出，僧进阳羡茶。陆羽品为芬芳冠世，产可供上方。遂置茶舍于罨画谿，去湖汊一里所，岁供万两。许有穀诗云“陆羽名荒旧茶舍，却教阳羡置邮忙”是也。其山名茶山，亦曰贡山。东临罨画谿，修贡时山中涌出金沙泉。杜牧诗所谓“山实东南秀，茶称瑞草魁。泉嫩黄金涌，芽香紫壁裁”者是也。山在均山乡县东南三十五里。又，茗山在县西南五十里永丰乡，皇甫曾有送陆羽《南山采茶》诗：“千峰待逋客，香茗复丛生。采摘知深处，烟霞羡独行。幽期山寺远，野饭石泉清。寂寂燃灯夜，相思磬一声。”见时贡茶在茗山矣。又，唐天宝中，稠锡禅师名清晏，卓锡南岳。涧上，泉忽迸石窟间，字曰“真珠泉”。师曰：宜瀹吾乡桐庐茶。爰有白蛇衔种庵侧之异。南岳产茶不绝，修贡迨今。方春采茶，清明日县令躬享白蛇于卓锡泉亭，隆厥典也。后来檄取，山农苦之。故袁高有“阴岭茶未吐，使者牒已频”之句。郭三益《题南岳寺壁》云：“古木阴森梵帝家，寒泉一勺试新茶。官符星火催春焙，却使山僧怨白蛇。”卢仝《茶歌》亦云：“天子须尝阳羡茶，百草不敢先开花。”又云：“安知百万亿苍生，命坠颠崖受辛苦。”可见贡茶之苦民亦自古然矣。至岕茶之尚于高流，虽近数十年中事，而厥产伊始。则自卢仝隐居洞山，种于阴岭，遂有茗岭之目。相传古有汉王者，栖迟茗岭之阳。课童艺茶，踵卢仝幽致。阳山所产，香味倍胜茗岭。所以老庙后一带茶犹唐、宋根株也。贡山茶今已绝种，罗岕去宜兴而南逾八九十里。浙、宜分界，只一山冈。冈南即长兴山，两峰相阻。介就夷旷者，人呼为岕。【履其地始知古人制字有意。今字书岕字但注云山名耳。】云有八十八处，前横大涧，水泉清驶，漱润茶根，泄山土之肥泽，故洞山为诸岕之最。自西氿溯张渚而入，取道茗岭，甚险恶【县西南八十里】。自东氿溯湖汊而入，取道缠岭，稍夷。才通车骑。

第一品

老庙后庙，祀山之土神者。瑞草丛郁，殆比茶星肸蚃矣。地不二三亩，若溪姚象先与婿朱奇生分有之。茶皆古本，每年产不廿斤。色淡黄不绿，叶筋淡白而厚。制成梗绝少，入汤色柔，白如玉露。味甘，芳香藏味中，空蒙深水，啜之愈出，致在有无之外。

第二品　皆洞顶岕也

新庙后，棋盘顶、纱帽顶、毛巾条、姚八房及吴江周氏地，产茶亦不能多。香幽色白，味冷隽，与老庙不甚别，啜之差，觉其薄耳。总之，品岕至此，清如孤竹，和如柳下，并入圣矣。今人以色浓香烈为岕茶，真耳食而眯其似也。

第三品

庙后涨沙、大衮头、姚洞、罗洞、王洞、范洞、白石。

第四品　皆平洞本岕也

下涨沙、梧桐洞、余桐、石场、丫头岕、留青岕、黄龙、炭灶、龙池。

不入品　外山

长潮、青口、箵庄、顾渚、茅山岕。

贡茶

即南岳茶也。天子所尝，不敢置品。县官修贡，期以清明日入山肃祭，乃始开园采制。视松萝、虎丘而色香丰美，自是天家清供。名曰片茶，初亦如岕茶制。万历丙辰，僧稠荫游松萝，乃仿制为片。

岕茶采焙，定以立夏后三日，阴雨又需之。世人妄云“雨前真岕”，抑亦未知茶事矣。茶园既开，入山卖草枝者日不下二三百石，山民收制乱真。好事家躬往，予租采焙，几视惟谨，多被潜易真茶去。人地相京，高价分买，家不能二三斤。近有采嫩叶，除尖蒂，抽细筋炒之，亦曰“片茶”；不去筋尖，炒而复焙，燥如叶状，曰“摊茶”；并难多得。又有俟茶市将阑，采取剩叶制之者，名“修山”，香味足而色差老。若今四方新货岕片，多是南岳片子，署为“骗茶”可矣。茶贾炫人率以长潮等茶，本岕亦不可得。噫！安得起陆龟蒙于九京，与之赓茶人诗也？陆诗云：“天赋识灵草，自然钟野姿。闲来北山下，似与东风期。雨后采芳去，云间幽路危。惟应报春鸟，共得此人知。”茶人皆有市心，令予徒仰真茶已。故，予烦闷时每诵姚合《乞茶诗》一过：“嫩绿微黄碧涧春，采时闲道断荤辛。不将钱买将诗乞，借问山翁有几人。”

岕茶德全，策勋惟归洗控。沸汤泼叶，即起洗鬲，敛其出液，候汤可下指。即下洗鬲排荡，沙沫复起，并指控干。闭之，茶藏候投。盖他茶欲按时分投，惟岕既经洗控，神理绵绵，止须上投耳。【倾汤满壶，后下叶子，曰上投，宜夏日；倾汤及半，下叶满汤，曰中投，宜春秋；叶着壶底，以汤浮之，曰下投，宜冬日初春。】

第二辑

艺　文

文

与兄子演书　晋·刘琨

吾体中溃闷，时仰真茶，汝可信信致之。

荈赋　杜毓

灵山惟岳，奇产所钟。厥生荈草，弥谷被冈。承丰壤之滋润，受甘灵之霄降。月惟初秋，农功少休。结偶同侣，是采是求。水则岷方之注，挹彼清流。器泽陶简，出自东隅。酌之以匏，取式公刘。惟兹初成，沫沈华浮。焕如积雪，煜若春敷。

为田神玉谢茶表　唐·韩翃

臣某言：中使至，伏奉手诏兼赐臣茶一千五百串，令臣分给将士以下。圣慈曲被，戴荷无阶，臣某【中谢】。臣智谢理戎，功惭荡寇。前恩未报，厚赐仍加。念以炎蒸，恤其暴露。荣分紫笋，宠降朱宫。味足蠲邪，助其正直。香堪愈病，沃以勤劳。饮德相欢，抚心是荷。前朝飨士，往典犒军。皆是循常，非闻特达。顾惟荷幸，忽被殊私。吴主礼贤，方闻置茗。晋臣爱客，才有分茶。岂如泽被三军，仁加十乘。以欣以忭，感戴无阶。臣无任云云。

茶赋　顾况

稽天地之不平兮，兰何为兮早秀，菊何为兮迟荣。皇天既孕此灵物兮，厚地复糅之而萌。惜下国之偏多，嗟上林之不至。如罗玳筵，展瑶席，凝藻思，间灵液，赐名臣，留上客，谷莺转，宫女嚬，泛浓华，漱芳津，出恒品，先众珍，君门九重，圣寿万春，此茶上达于天子也。滋饭蔬之精素，攻肉食之膻腻，发当暑之清吟，涤通宵之昏寐，杏树桃花之深洞，竹林草堂之古寺，乘槎海上来，飞锡云中至，此茶下被于幽人也。《雅》曰："不知我者，谓我何求。"可怜翠涧阴，中有碧泉流。舒铁如金之鼎，越泥似玉之瓯。轻烟细沫霭然浮，爽气淡烟风雨秋。梦里还钱，怀中赠橘，虽神妙而焉求。

为武中丞谢赐新茶表　柳宗元

臣某言：中使窦某至，奉宣旨赐臣新茶一斤者。天眷忽临，时珍俯及，捧载惊抃，以喜以惶。臣以无能，谬司邦宪。大明首出，得亲仰于云霄；渥泽遂行，忽先沾于草木。况兹灵味，成自遐方。照临而甲拆惟新，煦妪而芬芳可袭。调六气而成美，扶万寿以效珍。岂臣贱微，膺此殊锡？衔恩敢同以尝酒，涤虑方切于饮冰。抚事循涯，陨越无地。臣不任感戴欣忭之至。

代武中丞谢新茶表　刘禹锡

伏以贡自外方，名殊众品。效参药石，芳越椒兰。出自仙厨，俯颁私室。义同推食，空荷于曲成；责在素餐，实惭于虚受。臣无任云云。

又

伏以方隅入贡，采撷至珍。自远贡来，以新为贵。捧而观妙，饮以涤烦。顾兰露而惭芳，岂蔗浆而齐味。既荣凡口，倍切丹心。臣无任云云。

三月三日茶宴序　吕温

三月三日，上巳禊饮之日也。诸子议以茶酌而代焉。乃拨花砌，爱庭阴，清风逐人，日色留兴。卧措青霭，坐攀香枝。闻莺近席而未飞，红蕊拂衣而不散。乃命酌香沫，浮素杯，殷凝琥珀之色。不令人醉，微觉清思，虽五云仙浆，无复加也。座右才子南阳邹子、高阳许侯，与二三子顷为尘外之赏，而曷不言诗矣。

茶中杂咏序　皮日休

按《周礼》酒正之职，辨四饮之物，其三曰浆。又浆人之职，供王之六饮，水、浆、醴、凉、医、酏，入于酒府。郑司农云："以水和酒也。"盖当时人率以酒醴为饮，谓乎"六浆"，酒之醨者也，何得姬公制?《尔雅》云："槚，苦荼。"即不撷而饮之，岂圣人之纯于用乎？亦草木之济人，取舍有时也。自周以降，及以国朝茶事，竟陵子陆季疵言之详矣。然季疵以前，称茗饮者，必浑以烹之，与夫瀹蔬而啜者无异也。季疵始为《经》三卷，由是分其源，制其具，教其造，设其器，命其煮，饮之者除痟而去疠，虽疾医之不若也。其为利也，于人岂小哉？余始得季疵书，以为备之矣。后又获其《顾渚山记》二篇，其中多茶事。后又太原温从云、武威段碣之，各补茶事十数节，并存于方册。茶之事，由周至今，竟无纤余矣。昔晋杜育有《荈赋》，季疵有《茶歌》，余缺然于怀者，谓有其具而不形于诗，亦季疵之余恨也。遂为《十咏》寄天随子。

茶赋　宋·吴淑

夫其涤烦疗渴，换骨轻身。茶荈之利，其功若神。则有渠红薄片、西山白露、云垂绿脚、香浮碧乳。挹此霜华，却兹烦暑。清文既传于杜育，精思亦闻于陆羽。若夫撷此皋卢，烹兹苦荼。桐君之录尤重，仙人之掌难逾；豫章之嘉甘露，王肃之贪酪奴。待枪旗而采摘，对鼎鬲以吹嘘，则有疗彼斛瘕，困兹水厄，擢彼阴林，得以烂石。先火而造，乘雷以摘。吴主之忧韦曜，初沐殊恩；陆纳之待谢安，诚彰俭德。别有产于玉垒，造彼金沙。三等为号，五出成花。早春之来宾化，横纹之出阳坡。复闻灉湖含膏之作，龙安骑火之名。柏岩兮鹤岭，鸠坑兮凤亭。嘉雀舌之纤嫩，玩蝉翼之轻盈。冬芽早秀，麦颗先成。或重西园之价，或侔团月之形。并明目而益思，岂瘠气而侵精。又有蜀冈牛岭，洪雅乌程，碧涧纪号，紫笋为称。陟仙崖而花坠，服丹丘而翼生。至于飞自狱中，煎于竹里，效在不眠，功存悦志。或言诗为报，或以钱见遗。复云叶如栀子，花若蔷薇。轻飙浮云之美，霜笴竹箨之差。唯芳茗之为用，盖饮食之所资。

通商茶法诏　欧阳修

古者山泽之利，与民共之。故民足于下，而君裕于上。国家无事，刑罚以清。自唐末流，始有茶禁。上下规利，垂二百年。如闻比来，为患益甚。民被诛求之困，日惟咨嗟；官受滥恶之入，岁以陈积。私藏盗贩，犯者实繁。严刑峻诛，情所不忍。使田闾不安其业，商贾不通于行。呜呼！若兹，是于江湖间幅员数千里，为陷阱以害吾民也。朕心恻然，念此久矣。闲遣使者，往就问之。而皆欢然，愿弛榷法。岁入之课，以时上官。一二近臣，件析其状。朕嘉览于再，犹若慊然。又于岁输，裁成其数，使得饶阜，以相为生。刬去禁条，俾通商贾。历世之弊，一旦以除。著为经常，弗复更制。损上益下，以休吾民。尚虑喜于立异之人，缘而为奸之党，妄陈奏议，以惑官司，必置明刑用戒狂谬。布告遐迩，体朕意焉。

龙茶录后序　欧阳修

茶为物之至精，而小团又其精者。录序所谓上品龙茶者，是也。盖自君谟始造，而岁贡焉。仁宗尤所珍惜，虽辅相之臣，未尝辄赐。惟南郊大礼，致斋之夕，中书、枢密院各四人，共赐一饼。宫人翦金为龙凤花草贴其上，两府八家分割以归，不敢碾试。相家藏以为宝，时有佳客，出而传玩尔。至嘉祐七年，亲享明堂。斋夕，始人赐一饼。余亦忝预，至今藏之。余自以谏官供奉仗内，至登二府，二十余年，才一获赐。因君谟著录，辄附于后。庶知小团自君谟始，而可贵如此。

南有嘉茗赋　梅尧臣

南有山原兮，不凿不营。乃产嘉茗兮，嚣此众氓。土膏脉动兮，雷始发声。万木之气未通兮。此已吐乎纤萌。一之曰雀舌露，掇而制之，以奉乎王庭。二之曰乌喙长，撷而焙之，以备乎公卿。三之曰枪旗耸，搴而炕之，将求乎利赢。四之曰嫩茎茂，团而范之，来充乎赋征。当此时也，女废蚕织，男废农耕。夜不得息，昼不得停。取之由一叶而至一掬，输之若百谷之赴巨溟。华夷蛮貊，固日饮而无厌；富贵贫贱，亦时啜而不宁。所以小民冒险而竞鬻，孰谓峻法之与严刑。呜呼！古者圣人为之：丝枲絺绤，而民始衣；播之禾麰菽粟，而民不饥；畜之牛羊犬豕，而甘脆不遗；调之辛酸咸苦，而五味适宜。造之酒醴而宴飨之，树之果蔬而荐羞之，于兹可谓备矣。何彼茗，无一胜焉而竞进于今之时？抑非近世之人，体惰不勤，饱食粱肉，坐以生疾，借以灵荈而消腑胃之宿陈？若然，则斯茗也不得不谓之无益于尔身，无功于尔民也哉！

述煮茶小品　叶清臣

夫渭黍汾麻，泉源之异禀；江橘淮枳，土地之或迁；诚物类之有宜，亦臭味之相感也。若乃撷华掇秀，多识草木之名；激浊扬清，能辨淄渑之品；斯固好事之嘉尚，博识之精鉴。自非笑傲尘表，逍遥林下；乐追王濛之约，不让陆纳之风；其孰能与于此乎？吴楚山谷间，气清地灵，草木颖挺，多孕茶荈，为人采拾。大率右于武夷者为“白乳”，甲于吴兴者为“紫笋”，产禹穴者以“天章”显，茂钱塘者以“径山”稀。至于续庐之岩、云衡之麓，“鸦山”著于吴歙，“蒙顶”传于岷蜀；角立差胜，毛举实繁。然而天赋尤异，性靡俗谙，苟制非其妙，烹失于术，虽先雷而赢，未雨而檐，蒸焙以图，造作以经，而泉不香，水不甘，爨之扬之，若淤若滓。

予少得温氏所著《茶说》，尝识其水泉之目有二十焉。会西走巴峡，经虾蟆窟；北憩芜城，汲蜀冈井；东游故郡，绝扬子江；留丹阳，酌观音泉；过无锡，㪺慧山水；粉枪牙旗，苏兰薪桂；且鼎且缶，以饮以歠；莫不瀹气涤虑，蠲病析酲；祛鄙吝之生心，招神明而达观。信乎，物类之宜得，臭味之所感，幽人之佳尚，前贤之精鉴，不可及已！

噫！紫华绿英，均一草也；清澜素波，均一水也。皆忘情于庶汇，或求伸于知己。不然者，聚薄之莽、沟、渎之流亦奚以异哉！游鹿故宫，依莲盛府，一命受职，再期服劳；而虎丘之觱沸，松江之清泚，复在封畛居然挹注；是尝所得以鸿渐之目二十有七也。昔郦道元善于《水经》，未尝知茶；王肃癖于茗饮，而言不及水表。是二美，吾无愧焉。凡泉品二十，列于右幅。且使尽神，方之四两，遂成其功。代酒限于七升，无忘真赏云尔。南阳叶清臣述。

进茶录序　蔡襄

臣前因奏事，伏蒙陛下谕。臣先任福建转运使日，所进上品龙茶，最为精好。臣退念草木之微，首辱陛下知鉴，若处之得地，则能尽其材。昔陆羽《茶经》，不第建安之品；丁谓《茶图》，独论采造之本；至于烹试，尝未闻有。臣辄条数事，简而易明，勒成二篇，名曰《茶录》。伏惟清闲之晏，或赐观采，臣不胜惶惧、荣幸之至。谨序。

叶嘉传　苏轼

叶嘉，闽人也。其先处上谷，曾祖茂先，养高不仕。好游名山，至武夷，悦之，遂家焉。尝曰：“吾植功种德，不为时采；然遗香后世，吾子孙必盛于中土。”当饮其惠矣。茂先葬郝源，子孙遂为郝源民。

至嘉，少植节操。或劝之业武，曰：“吾当为天下英武之精，一枪一旗，岂吾事哉！”因而游，见陆先生。先生奇之，为著其行录，传于世。方汉帝嗜阅经史时，建安人为谒者侍上。上读其行录而善之，曰：“吾独不得与此人同时哉！”曰：“臣，邑人叶嘉，风味恬淡，清白可爱，颇负其名。有济世之才，虽羽知犹未详也。”上惊。敕建安太守召嘉，给传遣诣京师。

郡守始令采访嘉所在，命赍书示之。嘉未就，遣使臣督促。郡守曰：“叶先生方闭门制作，研味经史，志图挺立，必不屑进，未可促之。”亲至山中，为之劝驾，始行登车。遇相者揖之曰：“先生容质异常，矫然有龙凤之姿，后当大贵。”嘉以皂囊上封事。天子见之曰：“吾久饫卿名，但未知其实耳。我其试哉。”因顾谓侍臣曰：“视嘉容貌如铁，资质刚劲，难以遽用，必捶提顿挫之乃可。”遂以言恐嘉曰：“砧斧在前，鼎镬在后，将以烹子，子视之如何？”嘉勃然吐气曰：“臣山薮猥士，幸惟陛下采择至此，可以利生，虽粉身碎骨，臣不辞也。”上笑，命以名曹处之，又加枢要之务焉。因诫小黄门监之。

有顷报曰：“嘉之所为，犹若粗疏然。”上曰：“吾知其才，第以独学未经师耳。”嘉为之屑屑就师，顷刻就事已精熟矣。上乃敕御史欧阳高、金紫光禄大夫郑当时、甘泉侯陈平三人与之同事。欧阳嫉嘉初进有宠，曰：“吾属且为之下矣。”计欲倾之。会天子御延英，促召四人。欧但热中而已，当时以足击嘉，而平亦以口侵陵之。嘉虽见侮，为之起立，颜色不变。欧阳悔曰："陛下以叶嘉见托吾辈，亦不可忽之也。"因同见帝。欧阳称嘉美，而阴以轻浮訾之。嘉亦诉于上。上为责欧阳怜嘉，视其颜色久之，曰："叶嘉真清白之士也，其气飘然若浮云矣。"遂引而宴之。

少选间，上鼓舌欣然曰："始吾见嘉，未甚好也；久味之，殊令人爱。朕之精魄，不觉洒然而醒。书曰：'启乃心、沃朕心。'嘉之谓也。"于是封嘉为钜合侯，位尚书。曰："尚书，朕喉舌之任也。"由是宠爱日加。

朝廷宾客，遇会宴享，未始不推于嘉。上日引对，至于再三。后因侍宴苑中，上饮逾度，嘉辄苦谏。上不悦曰："卿司朕喉舌，而以苦辞逆我，我岂堪哉！"遂唾之。命左右仆于地。嘉正色曰："陛下必欲甘辞利口，然后爱耶？臣言虽苦，久则有效，陛下亦尝试之，岂不知乎？"上顾左右曰："始吾言嘉刚劲难用，今果见矣。"因含容之，然亦以是疏嘉。

嘉既不得志，退去闽中。既而曰："吾末如之何也，已矣。"上以不见嘉月余，劳于万几，神薾思困，颇思嘉。因命召至，喜甚。以手抚嘉曰："吾渴见卿久也。"遂恩遇如故。上方欲以兵革为事，而大司农奏计国用不足，上深患之。以问嘉，嘉为进三策，其一曰："榷天下之利、山海之资，一切籍于县官。行之一年，财用丰赡。"上大悦。兵兴有功而还。上利其财，故榷法不罢。管山海之利，自嘉始也。居一年，嘉告老。上曰："钜合侯其忠可谓尽矣。"

遂得爵其子。又令郡守择其宗支之良者，每岁贡焉。

嘉之子二人，长曰抟，有父风，袭爵。次曰挺，抱黄白之术，比于抟，其志尤淡泊也。尝散其资，拯乡闾之困，人皆德之；故乡人以春秋伐鼓大会山中，求之以为常。

赞曰：今叶氏散居天下，皆不喜城邑，惟乐山居。氏于闽中者，盖嘉之苗裔也。天下叶氏虽夥，然风味德馨，为世所贵，皆不及闽。闽之居者又多，而郝源之族为甲。嘉以布衣遇天子，爵彻侯，位八座，可谓荣矣。然其正色苦谏，竭力许国，不为身计。盖有以取之，夫先王用于国有节，取于民有制；至于山林川泽之利，一切与民。嘉为策以榷之，虽救一时之急，非先王之举也。君子讥之。或云：管山海之利，始于盐铁丞孔仅、桑弘羊之谋也。嘉之策未行于时，至唐赵赞始举而用之。

煎茶赋　黄庭坚

汹汹乎如涧松之发清吹，皓皓乎如春空之行白云。宾主欲眠而同味，水茗相投而不浑。苦口利病，解胶涤昏。未尝一日不放箸而策茗碗之勋者也。余尝为嗣直瀹茗，因录其涤烦破睡之功，为之甲乙。建溪如割，双井如挞，日铸如绝，其余苦则辛螫，甘则底滞，呕酸寒胃，令人失睡，亦未足与议。或曰："无甚高论，敢问其次。"

涪翁曰："味江之罗山，严道之蒙顶，黔阳之都濡高株，泸川之纳溪梅岭，夷陵之压砖，临邛之火井，不得已而去于三，则六者亦可酌兔褐之瓯，瀹鱼眼之鼎者也。”

或者又曰：“寒中瘠气，莫甚于茶。或济之盐，勾贼破家。滑窍走水，又况鸡苏之与胡麻。”

涪翁于是酌岐雷之醪醴，参伊圣之汤液，斫附子如博投，以熬葛仙之垩。去蓤而用盐，去橘而用姜，不夺茗味，而佐以草石之良。所以固太仓而坚作强。于是有胡桃松实，庵摩鸭脚；勃贺蘼芜，水苏甘菊。既加臭味，亦厚宾客。前四后四，各用其一。少则美，多则恶。发挥其精神，又益于咀嚼。盖大匠无可弃之材，太平非一士之略。厥初贪味隽永，速化汤饼，乃至中夜不眠，耿耿既作，温剂殊可屡歃，如以六经，济三尺法。虽有除治，与人安乐。宾至则煎，去则就榻。不游轩石之华胥，则化庄周之胡蝶。

茶经序　陈师道

陆羽《茶经》家传一卷，毕氏、王氏书三卷，张氏书四卷，内外书十有一卷。其文繁简不同，王毕氏书繁杂，意其旧文。张氏书简明与家书合，而多脱误。家书近古，可考正。自“七之事”其下亡，乃合三书以成之，录为二篇，藏于家。

夫茶之著书，自羽始；其用于世，亦自羽始，羽诚有功于茶者也。上自宫省，下迨邑里，外及戎夷蛮狄，宾祀燕享，预陈于前。山泽以成市，商贾以起家，又有功于人者也，可谓智矣。《经》曰：“茶之否臧，存之口诀。”则书之所载，犹其粗也。夫茶之为艺，下矣。至其精微，书有不尽，况天下之至理而欲求之文字纸墨之间，其有得乎？昔者先王因人而教，同欲而治，凡有益于人者，皆不废也。世人之说，曰先王、诗书、道德而已。此乃世外执方之论，枯槁自守之行，不可群天下而居也。史称，羽持具饮李季卿，季卿不为宾主，又著论以毁之。夫艺者，君子有之，德成而后及，所以同于民也。不务本而趋末，故业成而下也，学者谨之。

斗茶记　唐庚

政和二年三月壬戌，二三君子相与斗茶于寄傲斋。予为取龙塘水烹之，而第其品。以某为上，某次之，某闽人其所赍宜尤高，而又次之。然大较皆精绝。盖尝以为天下之物，有宜得而不得，不宜得而得之者。富贵有力之人，或有所不能致；而贫贱穷厄、流离迁徙之中，或偶然获焉。所谓尺有所短，寸有所长，良不虚也。唐相李卫公，好饮惠山泉，置驿传送，不远数千里；而近世欧阳少师作《龙茶录序》，称嘉祐七年，亲享明堂，致斋之夕，始以小团分赐二府，人给一饼，不敢碾试，至今藏之。时熙宁元年也。吾闻茶不问团铐，要之贵新；水不问江井，要之贵活。千里致水，真伪固不可知，就令识真，已非活水。自嘉祐七年壬寅至熙宁元年戊申，首尾七年，更阅三朝，而赐茶犹在，此岂复有茶也哉！今吾提瓶支龙塘，无数十步，此水宜茶，昔人以为不减清远峡。而海道趋建安，不数日可至，故每岁新茶，不过三日至矣。罪戾之余，上宽不诛，得与诸公从容谈笑于此，汲泉煮茗，取一时之适，虽在田野，孰与烹数千里之泉，浇七年之赐茗也哉！此非吾君之力欤？夫耕凿食息，终日蒙福而不知为之者，直愚民耳！岂吾辈谓耶？是宜有所记述，以无忘在上者之泽云。

谢傅尚书惠茶启　杨万里

远饷新茗，自携大瓢，走汲溪泉。束涧底之散薪，燃折脚之石鼎。烹玉尘，啜香乳，以享天上故人之意。愧无胸中之书传，但一味揽破菜园耳。

煮茶梦记　元·杨维桢

铁龙道人卧石床，移二更，月微明，及纸帐梅影，亦及半窗。鹤孤立不鸣。命小芸童汲白莲泉，燃槁湘竹，授以凌霄芽，为饮供。道人乃游心太虚，雍雍凉凉，若鸿蒙，若皇芒。会天地之未生，适阴阳之若亡。恍兮不知入梦，遂坐清真银晖之堂，堂上香云帘拂地，中著紫桂榻、绿琼几，看太初易一集，集内悉星斗文，焕煜爚熠，金流玉错，莫别爻画。若烟云日月交丽乎中天，欻玉露凉，月冷如冰，入齿者易刻。因作《太虚吟》，吟曰："道无形兮兆无声，妙无心兮一以贞，百象斯融兮太虚以清。"歌已，光飙起林末，激华氛，郁郁霏霏，绚烂淫艳。乃有扈绿衣若仙子者，从容来谒云："名淡香，小字绿花。"乃捧太元杯，酌太清神明之醴，以寿予。侑以词曰："心不行，神不行，无而为。万化清。"寿毕，纾徐而退。复令小玉环，侍笔牍，遂书歌遗之曰："道可受兮不可传，天无形兮四时以言，妙乎天兮天天之先，天天之先复何仙?” 移间，白云微消，绿衣化烟，月反明予内间。予亦悟矣，遂冥神合元。月光尚隐隐于梅花间，小芸呼曰:“凌霄芽熟矣!”

茶法　明·杨士奇

应天府批验茶引所、直隶常州府宜兴县张渚批验茶引所、浙江杭州府批验茶引所，节次关去茶引。退引累催不缴，其故盖因批验所不置簿籍，附写茶商姓名贯址；或不照茶商路引听其冒名开报；或将引由成千成万，卖与嗜利之徒。赍赴产茶地方，转卖与人。如此，欲得的确名籍追缴引难矣。况茶货出山，经过官司，既不从公盘诘，又不依例批验，纵有夹带斤重，多是受财卖放。彼何畏惮而不停藏旧引、影射私茶哉！又如南直隶常州府、池州府、徽州府，浙江湖州府、严州府、衢州府、绍兴府，江西南昌府、饶州府、南康府、九江府、吉安府，湖广武昌府、宝庆府、长沙府、荆州府，四川成都府、保庆府、夔州府、嘉定州、泸州、雅州等处，俱系产茶地方。相去前项三批验所，远者数千里，近亦不下数百里。若照引内条例，听茶商径赴产茶府州纳课、买引、照茶，于人为便，理必乐从。谁肯不买引由，公犯茶禁？今却令茶商皆来此三所买引，路途窎远，往返不便，欲其一一遵依不作前弊，亦难矣！况批验引由与之截角及搜验有无夹带，乃批验茶引所之职，所退引该与截角，今照前项三所却管卖引、不行批验，名实不称，有乖职掌。合无请给圣旨榜文，通行天下晓谕。今后园户卖茶及茶商兴贩茶货，告给引由与夫批验纳课等项，务要俱遵引由内条例数。内惟买引一事，免其纳钱，只照见行事例，每引一道纳钞一贯。中夹纸一张，仍令前项产茶府州斟酌所管地方，每岁可出茶货若干，合用引由若干，预先具数，差人赴本部关领。前引回还收贮，出榜集商中买仍要辨验。茶商路引，果无诈伪即对其人姓名、籍贯附簿，将引给与。年终该府州各将卖给茶引造册，就将收过纸钞差人一同解缴本部。钞送该库交收，纸劄造引仍具数关领。次年合用引由，各批验所。如遇茶商经过，务依例逐一批验，将引截角。如无夹带便放行，若有夹带就连人茶拿送本处官司理问。年终将批验过客商姓名贯址、并引数目及盘获私茶起数缘由，造册申达。合干上司转缴本部查考。

◎茶引由内茶引一道，纳铜钱一千文，照茶一百斤。茶由一道，纳铜钱六百文，照茶六十斤。见行事例，每引由一道，纳钞一贯，中夹纸一张。

◎诸人但犯私茶，与盐法一体治罪。如将已批验截角退引，入山影射照茶者，同私茶论。

◎客商兴贩茶货，先赴产茶府州具报。所买斤重依律纳课买引照茶。出境发卖，如至住卖去处，卖毕随即于所在官司缴纳原引。如或停藏影射者，同私茶论。

◎山园茶主将茶卖与无引由客商与贩者，初犯笞三十。仍追原价没官，再犯笞五十,三犯杖八十，俱倍追原价没官。

◎茶引不许相离。有茶无引，多余夹带，并依私茶定论。

◎茶商贩到茶货经过批验所，须要依例批验，将引由截角。别无夹带，方许放行。违越者笞二十。

◎伪造茶引者处死，籍没当房家产。告捉人赏银二十两。

◎卖茶去处，赴宣课司依例三十分抽一分。芽茶叶茶，各验价值纳课。

◎贩茶不拘地方。欲令两淮、山东、长芦三运司，将盐引纸每张纳钞一贯。

请革芽茶疏　曹琥

臣闻天之生物，本以养人，未闻以其所以养人者害人也。历观古昔帝王，忍嗜欲、节贡献，或罢或却，诏戒丁宁，盖不欲以一人之奉而困天下之民，以养人之物而贻人之患。此所以泽及生民，法垂后世，而王道成矣。臣查得本府额贡芽茶，岁不过二十斤。迩年以来，额贡之外，有宁王府之贡，有镇守太监之贡。是二贡者，有芽茶之征。有细茶之征，始于方春，迄于首夏。官校临门，急如星火。农夫蚕妇，各失其业，奔走山谷，以应诛求者，相对而泣，因怨而怒。殆有不可胜言者，如镇守之贡，岁办千有余斤，不知实贡朝廷者几何？今岁太监黎安行取回京，未及征派，而百姓相贺于道。则往岁之为民病，从可知已，臣不容不为陛下悉数之。方春之时，正值耕蚕，而男妇废业，无以卒岁，此其为害一也。二麦未登，民艰于食，旦旦而促之，民不聊生，此其为害二也。及归之官，又拣择去取，十不中一，遂使射利之家先期采集，坐索高价，此其为害三也。亦或采取过时，括市殆尽，取无所应，计无所出，则又科敛财物，买求官校，百计营求，此其为害四也。官校乘机私买货卖，遂使朝夕盐米之小民，相戒而不敢入市，此其为害五也。凡此五不韙者，皆切民之深患，致祸之本源，今若不言，后当有悔。臣今窃禄署府，目观民患，苟有所虑，不敢不陈。伏望陛下扩天地生物之心，悯闾阎穷苦之状，特降纶音，罢此贡献，使方春之时，农蚕不至于失期，草木得全其生意。民物欣欣，颂声斯作，实一方万万年无疆之福也。

茶德颂　周履靖

有嗜茗友生，烹瀹不论朝夕，沸汤在须臾。汲泉与燎火，无暇蹑长衢。竹炉列牖，兽炭陈庐。卢仝应让，陆羽不知。堪贱羽觞酒觚，所贵茗碗茶壶。一瓯睡觉，二碗饭余。遇醉汉渴夫、山僧逸士，闻馨嗅味，欣然而喜。乃掀唇快饮，润喉嗽齿，诗肠濯涤，妙思猛起。友生咏句而嘲其酒槽。我辈恶醪，啜其汤饮，犹胜啮糟。一吸怀畅，再吸思陶，心烦顷舒，神昏顿醒。喉能清爽而发高声，秘传煎烹瀹啜真形，始悟玉川之妙法，追鲁望之幽情。

燃石鼎俨若翻浪，倾磁瓯叶泛如萍。虽拟《酒德颂》，不学古调咏螟蛉。

诗

月夜啜茶联句　唐·颜真卿

泛花邀坐客，代饮引清言。【士修】
醒酒宜华席，留僧想独园。【荐】
不须攀月桂，何假树庭萱。【萼】
御史秋风劲，尚书北斗尊。【崔万】
流华净肌骨，疏瀹涤心源。【真卿】
不似春醪醉，何辞绿菽繁。【昼】
素瓷传静夜，芳气满闲轩。【士修】

答族侄僧中孚赠玉泉仙人掌茶·并序　李白

余闻荆州玉泉寺近清溪诸山，山洞往往有乳窟。窟中多玉泉交流，中有白蝙蝠，大如鸦。按仙经，蝙蝠一名仙鼠，千岁之后体白如雪，栖则倒悬，盖饮乳水而长生也。其水边，处处有茗草罗生，枝叶如碧玉。唯玉泉真公常采而饮之。年八十余岁，颜色如桃花。而此茗清香滑熟，异于他者，所以能还童振枯扶人寿也。余游金陵，见宗僧中孚，示余茶数十片。拳然重叠，其状如手，号为“仙人掌茶”。盖新出乎玉泉之山，旷古未觌。因持之见遗兼赠诗，要余答之。遂有此作。后之高僧大隐，知仙人掌茶，发乎中孚禅子及青莲居士李白也。

尝闻玉泉山，山洞多乳窟。
仙鼠如白鸦，倒悬深溪月。
茗生此中石，玉泉流不歇。
根柯洒芳津，采服润肌骨。
丛老卷绿叶，枝枝相接连。
曝成仙人掌，似拍洪崖肩。
举世未见之，其名定谁传。
宗英乃禅伯，投赠有佳篇。
清镜烛无盐，顾惭西子妍。
朝坐有余兴，长吟播诸天。

喜园中茶生　韦应物

洁性不可污，为饮涤尘烦。
此物信灵味，本自出山原。
聊因理郡余，率尔植荒园。
喜随众草长，得与幽人言。

送陆鸿渐山人采茶　皇甫曾

千峰待逋客，春茗复丛生。
采摘知深处，烟霞羡独行。
幽期山寺远，野饭石泉清。
寂寂燃灯夜，相思一磬声。

过长孙宅与郎上人茶会　钱起

偶与息心侣，忘归才子家。
元谈兼藻思，绿茗代榴花。
岸帻看云卷，含毫任景斜。
松乔若逢此，不复醉流霞。

与赵莒茶宴　钱起

竹下忘言对紫茶，全胜羽客醉流霞。
尘心洗尽兴难尽，一树蝉声片影斜。

送陆鸿渐栖霞寺采茶　皇甫冉

采茶非采菉，远远上层崖。
布叶春风暖，盈筐白日斜。
旧知山寺路，时宿野人家。
借问王孙草，何时泛碗花。

新茶味寄上西川相公 卢纶

三献蓬莱始一尝，日调金鼎阅芳香。
贮之玉合才半饼，寄与阿连题数行。

津梁寺采新茶 武元衡

灵卉碧岩下，荑英初散芳。
涂涂宿霜露，采采不盈筐。
阴窦藏烟湿，单衣染焙香。
幸将调鼎味，一为奏明光。

巽上人以竹间自采新茶见赠，酬之以诗 柳宗元

芳丛翳湘竹，零露凝清华。
复此雪山客，晨朝掇灵芽。
蒸烟俯石濑，咫尺凌丹崖。
圆方丽奇色，圭璧无纤瑕。
呼儿爨金鼎，余馥延幽遐。
涤虑发真照，还源荡昏邪。
犹同甘露饮，佛事熏毗邪。
咄此蓬瀛侣，无乃贵流霞。

西山兰若试茶歌　刘禹锡

山僧后檐茶数丛，春来映竹抽新茸。
宛然为客振衣起，如傍芳丛摘鹰嘴。
斯须炒成满室香，便酌砌下金沙水。
骤雨松声入鼎来，白云满碗花徘徊。
悠扬喷鼻宿酲散，清峭彻骨烦襟开。
阳崖阴岭各殊气，未若竹下莓苔地。
炎帝虽尝未辨煎，相君有录那知味。
新芽连拳半未舒，自摘至煎俄顷余。
木兰坠露香微似，瑶草临波色不如。
僧言灵味宜幽寂，采采翘英为嘉客。
不辞缄封寄郡斋，砖井铜炉损标格。
何况蒙山顾渚春，白泥赤印步风尘。
欲知花乳清冷味，须是眠云跂石人。

赏茶　刘禹锡

生拍芳茸鹰嘴芽，老郎封寄谪仙家。
今宵更有湘江月，照出霏霏满碗花。

茶岭　张籍

紫芽连白蕊，初向岭头生。
自看家人摘，寻常触露行。

走笔谢孟谏议寄新茶　卢仝

日高丈五睡正浓，军将打门惊周公。
口云谏议送书信，白绢斜封三道印。
开缄宛见谏议面，手阅月团三百片。
闲道新年入山里，蛰虫惊动春风起。
天子须尝阳羡茶，百草不敢先开花。
仁风暗结珠琲瓃，先春抽出黄金芽。
摘鲜焙芳旋封裹，至精至好且不奢。
至尊之余合王公，何事便到山人家。
柴门反关无俗客，纱帽笼头自煎吃。
碧云引风吹不断，白花浮光凝碗面。
一碗喉吻润，两碗破孤闷；
三碗搜枯肠，惟有文字五千卷。
四碗发轻汗，平生不平事，尽向毛孔散。
五碗肌骨轻，六碗通仙灵。
七碗吃不得，唯觉两腋习习清风生。
蓬莱山，在何处？
玉川子，乘此清风欲归去。
山上群仙司下土，地位清高隔风雨。
安得知百万亿苍生命，堕在巅崖受辛苦。
便为谏议问苍生，到头还得苏息否。

一言至七言诗　元稹

茶。

香叶，嫩芽。

慕诗客，爱僧家。

碾雕白玉，罗织红纱。

铫煎黄蕊色，碗转曲尘花。

夜后邀陪明月，晨前命对朝霞。

洗尽古今人不倦，将知醉后岂堪夸。

睡后茶兴忆杨同州　白居易

昨晚饮太多，嵬峨连宵醉。

今朝餐又饱，烂漫移时睡。

睡足摩挲眼，眼前无一事。

信脚绕池行，偶然得幽致。

婆娑绿阴树，斑驳青苔地。

此处置绳床，傍边洗茶器。

白瓷瓯甚洁，红炉炭方炽。

沫下曲尘香，花浮鱼眼沸。

盛来有佳色，燕罢余芳气。

不见杨慕巢，谁人知此味。

谢李六郎中寄蜀茶诗　白居易

故情周匝向交亲，新茗分张及病身。
红纸一封书后信，绿芽千片火前春。
汤添勺水煎鱼眼，末下刀圭搅曲尘。
不寄他人先寄我，应缘我是别茶人。

山泉煎茶有怀　白居易

坐酌泠泠水，看煎瑟瑟尘。
无由持一碗，寄与爱茶人。

萧员外寄新蜀茶　白居易

蜀茶寄到但惊新，渭水煎来始觉珍。
满瓯似乳堪持玩，况是春深酒渴人。

忆茗芽　李德裕

谷中春日暖，渐忆啜茶英。
欲及清明火，能消醉客心。
松花飘鼎泛，兰气入瓯轻。
饮罢闲无事，扪萝溪上行。

茶岭　韦处厚

顾渚吴商绝，蒙山蜀信稀。

千丛因此始，含露紫英肥。

蜀茗茶　施肩吾

越碗初盛蜀茗新，薄烟轻处搅来匀。

山僧问我将何比，欲道琼浆却畏嗔。

寄杨工部闻毗陵舍弟自罨溪入茶山　姚合

采茶溪路好，花影半浮沉。

画舸僧同上，春山客共寻。

芳新生石际，幽嫩在山阴。

色是春光染，香惊日色侵。

试尝应酒醒，封进定恩深。

芳贻千里外，怡怡太府吟。

乞新茶　姚合

嫩绿微黄碧涧春，采时闻道断荤辛。

不将钱买将诗乞，借问山翁有几人。

题宜兴茶山　杜牧

山实东吴秀，茶称瑞草魁。
剖符虽俗吏，修贡亦仙才。
溪尽停蛮棹，旗张卓翠苔。
柳村穿窈窕，松涧渡喧豗。
等级云峰峻，宽平洞府开。
拂天闻笑语，特地见楼台。
泉嫩黄金涌，牙香紫璧裁。
拜章期沃日，轻骑疾奔雷。
舞袖岚侵涧，歌声谷答回。
磬音藏叶鸟，雪艳照潭梅。
好是全家到，兼为奉诏来。
树阴香作帐，花径落成堆。
景物残三月，登临怆一杯。
重游难自克，俯首入尘埃。

谢刘相公寄天柱茶　薛能

雨串春团敌夜光，名题天柱印维扬。
偷嫌曼倩桃无味，捣觉嫦娥药不香。
惜恐被分缘利市，尽应难觅为供堂。
粗官寄与真抛却，赖有诗情合得尝。

蜀州郑使君寄鸟嘴茶因以赠客八韵　薛能

鸟嘴撷浑牙，精灵胜镆铘。
烹尝方带酒，滋味更无茶。
拒碾乾声细，撑封利颖斜。
衔芦齐劲实，啄木聚菁华。
盐损添常诫，姜宜著更夸。
得来抛道药，携去就僧家。
旋觉前瓯浅，还愁后信赊。
千惭故人意，此惠敌丹砂。

龙山人惠石廪方及团茶　李群玉

客有衡岳隐，遗予石廪茶。
自云凌烟露，采掇春山芽。
圭璧相压叠，积芳莫能加。
碾成黄金粉，轻嫩如松花。
红炉炊霜枝，越瓯斟井华。
滩声起鱼眼，满鼎漂清霞。
凝澄坐晓灯，病眼如蒙纱。
一瓯拂昏寐，襟鬲开烦拏。
顾渚与方山，诸人留品差。
持瓯默吟咏，摇膝空咨嗟。

答友寄新茗　李群玉

满火芳香碾曲尘，吴瓯湘水绿花新。
愧君千里分滋味，寄与春风酒渴人。

西岭道士茶歌　温庭筠

乳窦溅溅通石脉，绿尘愁草春江色。
涧花入井水味香，山月当人松影直。
仙翁白扇霜鸟翎，拂坛夜读黄庭经。
疏香皓齿有余味，更觉鹤心通杳冥。

茶山贡焙歌　李郢

使君爱客情无已，客在金台价无比。
春风三月贡茶时，尽逐红旌到山里。
焙中清晓朱门开，筐箱渐见新芽来。
陵烟触露不停采，官家赤印连帖催。
朝饥暮匐谁兴哀，喧阗竞纳不盈掬。
一时一饷还成堆，蒸之馥馥香胜梅。
研膏架动轰如雷，茶成拜表贡天子。
万人争啖春山摧，驿骑鞭声砉流电。
半夜驱夫谁复见，十日王程路四千。
到时须及清明宴，吾君可谓纳谏君，

谏官不谏何由闻，九重城里虽旰食。
天涯吏役长纷纷，使君忧民惨容色。
就焙尝茶坐诸客，几回到口重咨嗟。
嫩绿鲜芳出何力，山中有酒亦有歌。
乐营房屋皆仙家，仙家十队酒百斛。
金丝宴馔随经过，使君是日忧思多。
客亦无言征绮罗，殷勤绕焙复长叹。
官府例成期如何！
吴民吴民莫憔悴，使君作相期苏尔。

美人尝茶行　崔珏

云鬟枕落困春泥，玉郎为碾瑟瑟尘。
闲教鹦鹉啄窗响，和娇扶起浓睡人。
银瓶贮泉水一掬，松雨声来乳花熟。
朱唇啜破绿云时，咽入香喉爽红玉。
明眸渐开横秋水，手拨丝篁醉心起。
台前却坐推金筝，不语思量梦中事。

故人寄茶　曹邺

剑外九华英，缄题下玉京。
开时微月上，碾处乱泉声。

半夜招僧至，孤吟对月烹。
碧澄霞脚碎，香泛乳花轻。
六腑睡神去，数朝诗思清。
用余不敢费，留伴时书行。

茶　郑愚

嫩芽香且灵，吾谓草中英。
夜臼和烟捣，塞炉对雪烹。
惟忧碧粉散，常见绿花生。
最是堪珍重，能令睡思清。

茶坞　陆龟蒙

茗地曲隈回，野行多缭绕。
向阳就中密，背涧差还少。
遥盘云髻慢，乱簇香篝小。
何处好幽期，满岩春露晓。

茶人　陆龟蒙

天赋识灵草，自然钟野姿。
闲来北山下，似与东风期。
雨后采芳去，云间幽路危。

唯应报春鸟，得共斯人知。

茶笋　陆龟蒙

所孕和气深，时抽玉苕短。
轻烟渐结华，嫩蕊初成管。
寻来青霭曙，欲去红云暖。
秀色自难逢，倾筐不曾满。

茶焙　陆龟蒙

左右捣凝膏，朝昏布烟缕。
方圆随样拍，次第依层取。
山谣纵高下，火候还文武。
见说焙前人，时时炙花脯。

茶坞　皮日休

闲寻尧氏山，遂入深深坞。
种荈已成园，栽葭宁记亩。
石洼泉似掬，岩罅云如缕。
好是夏初时，白花满烟雨。

茶笋　皮日休

褎然三五寸，生必依岩洞。
寒恐结红铅，暖疑销紫汞。
圆如玉轴光，脆似琼英冻。
每为遇之疏，南山挂幽梦。

茶舍　皮日休

阳崖枕白屋，几口嬉嬉活。
棚上汲红泉，焙前蒸紫蕨。
乃翁研茗后，中妇拍茶歇。
相向掩柴扉，清香满山月。

茶焙　皮日休

凿彼碧岩下，恰应深二尺。
泥易带云根，烧难碍石脉。
初能燥金饼，渐见干琼液。
九里共杉林，相望在山侧。

煮茶　皮日休

香泉一合乳，煎作连珠沸。
时看蟹目溅，乍见鱼鳞起。

声疑松带雨，饽恐烟生翠。
傥把沥中山，必无千日醉。

谢僧寄茶　李咸用

空门少年初志坚，摘芳为药除睡眠。
匡山茗树朝阳偏，暖萌如爪拏飞鸢。
枝枝膏露凝滴圆，参差失向兜罗绵。
倾筐短甑蒸新鲜，白纻眼细匀于研。
砖排古砌春苔干，殷勤寄我清明前。
金槽无声飞碧烟，赤兽呵冰急铁喧。
林风夕和真珠泉，半匙青粉搅潺湲。
绿云轻绾湘娥鬟，尝来纵使重支枕，蝴蝶寂寥空掩关。

采茶歌　秦韬玉

天柱香芽露香发，烂研瑟瑟穿荻篾。
太守怜才寄野人，山童碾破团圆月。
倚云便酌泉声煮，兽炭潜然蚌珠吐。
看著晴天早日明，鼎中飒飒筛风雨。
老翠香尘下才热，搅时绕箸天云绿。
耽书病酒雨多情，坐对闽瓯睡先足。
洗我胸中幽思清，鬼神应愁歌欲成。

峡中尝茶　郑谷

簇簇新英摘露光，小江园里火前尝。
吴僧漫说鸦山好，蜀叟休夸鸟嘴香。
入座半瓯轻泛绿，开缄数片浅含黄。
龙门病客不归去，酒渴更知春味长。

茗坡　陆希声

二月山家谷雨天，半坡芳茗露华鲜。
春醒酒病兼消渴，惜取新芽旋摘煎。

尚书惠蜡面茶　徐夤

武夷春暖月初圆，采摘新芽献地仙。
飞鹊印成香蜡片，啼猿溪走木兰船。
金槽和碾沉香末，冰碗轻涵翠缕烟。
分赠恩深知最异，晚铛宜煮北山泉。

东亭茶宴　鲍君徽

闲朝向晓出帘栊，茗宴东亭四望通。
远眺城池山色里，俯聆弦管水声中。
幽篁映沼新抽翠，芳槿低檐欲吐红。
坐久此中无限兴，更怜团扇起清风。

煎茶　成彦雄

岳寺春深睡起时，虎跑泉畔思迟迟。
蜀茶倩个云僧碾，自拾枯松三四枝。

与亢居士青山潭饮茶　僧灵一

野泉烟火白云间，坐饮香茶爱此山。
岩下维舟不忍去，清溪水流暮潺潺。

饮茶歌诮崔石使君　释皎然

越人遗我剡溪茗，采得金牙爨金鼎。
素瓷雪色缥沫香，何似诸仙琼蕊浆。
一饮涤昏寐，情来朗爽满天地。
再饮清我神，忽如飞雨洒轻尘。
三饮便得道，何须苦心破烦恼。
此物清高世莫知，世人饮酒多自欺。
愁看毕卓瓮间夜，笑向陶潜篱下时。
崔侯啜之意不已，狂歌一曲惊人耳。
孰知茶道全尔真，唯有丹丘得如此。

饮茶歌送郑容　释皎然

丹丘羽人轻玉食，采茶饮之生羽翼。

名藏仙府世空知，骨化云宫人不识。
云山童子调金铛，楚人茶经虚得名。
霜天半夜芳草折，烂漫缃花啜又生。
赏君此茶祛我疾，使人胸中荡忧栗。
日上香炉情未毕，醉踏虎溪云，高歌送君出。

对陆迅饮天目山茶因寄元居士晟　释皎然

喜见幽人会，初开野客茶。
日成东井叶，露采北山芽。
文火香偏胜，寒泉味转嘉。
投铛涌作沫，着碗聚生花。
稍与禅经近，聊将睡网赊。
知君在天目，此意日无涯。

和门下殷侍郎新茶二十韵　宋・徐铉

暖吹入春园，新芽竞粲然。
才教鹰嘴坼，未放雪花研。
荷杖青林下，携筐旭景前。
孕灵资雨露，钟秀自山川。
碾后香弥远，烹来色更鲜。
名随土地贵，味逐水泉迁。

力籍流黄暖，形模紫笋圆。
正当钻柳火，遥想涌金泉。
任道时新物，须依古法煎。
轻瓯浮绿乳，孤灶散余烟。
甘荠非予匹，宫槐让我先。
竹孤空冉冉，荷弱谩田田。
解渴消残酒，清神感夜眠。
十浆何足馈，百榼尽堪捐。
采撷唯忧晚，营求不计钱。
任公因焙显，陆氏有经传。
爱甚真成癖，尝多合得仙。
亭台虚静处，风月艳阳天。
自可临泉石，何仿杂管弦。
东山似蒙顶，愿得从诸贤。

恩赐龙凤茶　王禹偁

样标龙凤号题新，赐得还因作近臣。
烹处岂期商岭水，碾时空想建溪春。
香于九畹芳兰气，圆如三秋皓月轮。
爱惜不尝惟恐尽，除将供养白头亲。

茶园十二韵　王禹偁

勤王修岁贡，晚驾过郊原。
蔽芾余千本，青葱共一园。
芽新撑老叶，土软迸新根。
舌小侔黄雀，毛狞摘绿猿。
出蒸香更别，入焙火微温。
采近桐华节，生无谷雨痕。
缄縢防远道，进献趁头番。
待破华胥梦，先经阊阖门。
汲泉鸣玉甃，开宴压瑶樽。
茂育知天意，甄收荷主恩。
沃心同直谏，苦口类嘉言。
未复金銮召，年年奉至尊。

北苑茶　丁谓

北苑龙茶著，甘鲜的是珍。
四方惟数此，万物更无新。
才吐微茫绿，初沾少许春。
散寻萦树遍，急采上山频。
宿叶寒犹在，芳芽冷未申。
茅茨溪上焙，篮笼雨中民。

长疾勾萌坼，开齐分雨匀。
带烟蒸雀舌，和露叠龙鳞。
作贡胜诸道，先尝只一人。
缄封瞻阙下，邮传渡江滨。
特旨留丹禁，殊恩赐近臣。
啜将灵药助，用与上尊亲。
投进英华尽，初烹气味真。
细香胜却麝，浅色过于筠。
顾渚惭投木，宜都愧积薪。
年年号供御，天产壮瓯闽。

尝茶次寄越僧灵皎　林逋

白云峰下雨枪新，腻绿长鲜谷雨春。
静试却如湖上雪，对尝兼忆剡中人。
瓶悬金粉师应有，筋点琼花我自珍。
清话几时搔首后，愿和松色劝三巡。

茶　林逋

石碾清飞瑟瑟尘，乳香烹出建溪春。
世间绝品人难识，闲对茶经忆古人。

和伯恭自造新茶　余靖

郡庭无事即仙家，野圃栽成紫笋茶。
疏雨半晴回暖气，轻雷初过得新芽。
烘褫精谨松斋静，采撷萦迂涧路斜。
江水薄煎萍仿佛，越瓯新试雪交加。
一枪试焙春尤早，三盏搜肠句更嘉。
多谢彩笺贻雅贶，想资诗笔思无涯。

谢许少卿寄卧龙山茶　赵抃

越芽远寄入都时，酬倡珍夸互见诗。
紫玉丛中观雨脚，翠峰顶上摘云旗。
啜多思爽都忘寐，吟苦更长了不知。
想到明年公进用，卧龙春色自迟迟。

双井茶　欧阳修

西江水清江石老，石上生茶如凤爪。
穷腊不寒春气早，双井茅生先百草。
白毛囊以红碧纱，十斤茶养一两芽。
长安富贵五侯家，一啜犹须三日夸。
宝云日注非不精，争新弃旧世人情。
岂知君子有常德，至宝不随时变易。

君不见建溪龙凤团，不改旧时香味色。

送龙茶与许道人　欧阳修

颍阳道士青霞客，来似浮云去无迹。
夜朝北斗太清坛，不道姓名人不识。
我有龙团古苍璧，九龙泉深一百尺。
凭君汲井试烹之，不是人间香味色。

得雷太简自制蒙顶茶　梅尧臣

陆羽旧茶经，一意重蒙顶。
比来唯建溪，团片敌汤饼。
顾渚及阳羡，又复下越茗。
近来江国人，鹰爪奈双井。
凡今天下品，非此不览省。
蜀荈久无味，声名谩驰骋。
因雷与改造，带露摘芽颖。
自煮至揉焙，入碾只俄顷。
汤嫩乳花浮，香新舌甘永。
初分翰林公，岂数博士冷。
醉来不知惜，悔许已向醒。
重思朋友义，果决在勇猛。

倏然乃于赠，蜡囊收细梗。
吁嗟茗与鞭，二物诚不幸。
我贫事事无，得之似赘瘿。

吕晋叔著作遗新茶　梅尧臣

四叶及三游，共家原坂岭。
岁摘建溪春，争先取晴景。
大窠有壮液，所发必奇颖。
一朝团焙成，价与黄金逞。
吕侯得乡人，分赠我已幸。
其赠几何多，六色十五饼。
每饼包青箬，红签缠素苘。
屑之云雪轻，啜已神魄惺。
会待嘉客来，侑谈当昼永。

李仲求寄建溪洪井茶七品云愈少愈佳未知尝何如耳。因条而答之　梅尧臣

忽有西山使，始遗七品茶。
末品无水晕，六品无枕柤。
五品散云脚，四品浮粟花。
三品若琼乳，二品罕所加。

绝品不可议，甘草焉等差。
一日尝一瓯，六腑无昏邪。
夜枕不得寐，月树闻啼鸦。
忧来惟觉衰，可验唯齿牙。
动摇有三四，妨咀连左车。
发亦足惊悚，疏疏点霜华。
乃思平生游，但恨江路赊。
安得一见之，煮泉相与夸。

答建州沈屯田寄新茶　梅尧臣

春芽碾白膏，夜火焙紫饼。
价与黄金齐，包开青箬整。
碾为玉色尘，远汲芦底井。
一啜同醉翁，思君聊引领。

颖公遗碧霄峰茗　梅尧臣

到山春已晚，何更有新茶。
峰顶应多雨，天寒始发芽。
采时林狖静，蒸处石泉嘉。
持作衣囊秘，分来五柳家。

茶垄　蔡襄

造化曾无私，亦有意所嘉。
夜雨作春力，朝云护日车。
千万碧天枝，戢戢抽灵芽。

采茶　蔡襄

春衫逐红旗，散入青林下。
阴崖喜先至，新苗渐盈把。
竞携筠笼归，更带山云写。

造茶　蔡襄

糜玉寸阴间，抟金新范里。
规呈月正圆，势动龙初起。
出焙幽花全，争夸火候是。

试茶　蔡襄

兔毫紫瓯新，蟹眼清泉煮
雪冻作成花，云闲未垂缕。
愿尔池中波，去作人间雨。

谢张和仲惠宝云茶　王令

故人有意真怜我，灵荈封题寄筚门。
与疗文园消渴病，还招楚客独醒魂。
烹来似带吴云脚，摘处应无谷雨痕。
果肯同尝竹林下，寒泉犹有惠山存。

寄周安孺茶　苏轼

大哉天宇内，植物知几族。
灵品独标奇，迥超凡草木。
名从姬旦始，渐播桐君录。
赋咏谁最先，厥传惟杜育。
唐人未知好，论著始于陆。
常李亦清流，当年慕高躅。
遂使天下士，嗜此偶于俗。
岂但中土珍，兼之异邦鬻。
鹿门有佳士，博览无不瞩。
邂逅天随翁，篇章互赓续。
开园颐山下，屏迹松江曲。
有兴即挥毫，灿然存简牍。
伊余素寡爱，嗜好本不笃。
粤自少年时，低回客京毂。

虽非曳裾者，庇荫或华屋。
颇见绮纨中，齿牙厌粱肉。
小龙得屡试，粪土视珠玉。
团凤与葵花，碔砆杂鱼目。
贵人自矜惜，捧玩且缄椟。
未数日注卑，定知双井辱。
于兹自研讨，至味识五六。
自尔入江湖，寻僧访幽独。
高人固多暇，探究亦颇熟。
闻道早春时，携籝赴初旭。
惊雷未破蕾，采采不盈掬。
旋洗肉泉蒸，芳馨岂停宿。
须臾布轻缕，火候谨盈缩。
不惮顷间劳，经时废藏蓄。
髹筒净无染，箬笼匀且复。
苦畏梅润侵，暖须人气燠。
有如刚耿性，不受纤芥触。
又若廉夫心，难将微秽渎。
晴天敞虚府，石碾破轻绿。
永日遇闲宾，乳泉发新馥，
香浓夺兰露，色嫩欺秋菊。
闽俗竞传夸，丰腴面如粥。

自云叶家白，颇胜中山醁。
好是一杯深，午窗春睡足。
清风击两腋，去欲凌鸿鹄。
嗟我乐何深，水经亦屡读。
子咤中泠泉，次乃康王谷。
蟆培顷曾尝，瓶罂走僮仆。
如今老且懒，细事百不欲。
美恶两俱忘，谁能强追逐。
姜盐拌白土，稍稍从吾蜀。
尚欲外行体，安能徇心腹。
由来薄滋味，日饭止脱粟。
外慕既已矣，胡为此羁束。
昨日散幽步，偶上天峰麓。
山圃正春风，蒙茸万旗簇。
呼儿为佳客，采制聊亦复。
地僻谁我从，包藏置厨簏。
何尝较优劣，但喜破睡速。
况此夏日长，人间正炎毒。
幽人无一事，午饭饱蔬菽。
困卧北窗风，风微动窗竹。
乳瓯十分满，人世真局促。
意爽飘欲仙，头轻快如沐。

昔人固多癖，我癖良可赎。
为问刘伯伦，胡然枕糟麴。

试院煎茶　苏轼

蟹眼已过鱼眼生，飕飕欲作松风鸣。
蒙茸出磨细珠落，眩转绕瓯飞雪轻。
银瓶泻汤夸第二，未识古人煎水意。
君不见昔时李生好客手自煎，贵从活火发新泉。
又不见今时潞公煎茶学西蜀，定州花瓷琢红玉。
我今贫病长苦饥，分为玉碗捧蛾眉。
且学公家作茗饮，砖炉石铫行相随。
不用撑肠拄腹文字五千卷，但愿一瓯常及睡足日高时。

月兔茶　苏轼

环非环，玦非玦，中有迷离玉兔儿。
一似佳人裙上月，月圆还缺缺还圆，此月一缺圆何年。
君不见斗茶公子不忍斗小团，上有双衔绶带双飞鸾。

和钱安道寄惠建茶　苏轼

我官于南今几时，尝尽溪茶与山茗。
胸中似记故人面，口不能言心自省。

为君细说我未暇，试评其略差可听。
建溪所产虽不同，一一天与君子性。
森然可爱不可慢，骨清肉腻和且正。
雪花雨脚何足道，啜过始知真味永。
纵复苦硬终可录，汲黯少戆宽饶猛。
草茶无赖空有名，高者妖邪次顽犷。
体轻虽复强浮泛，性滞偏工呕酸冷。
其间绝品岂不佳，张禹纵贤非骨鲠。
葵花玉䥫不易致，道路幽崄隔云岭。
谁知使者来自西，开缄磊落收百饼。
嗅香嚼味本非别，透纸自觉光炯炯。
粃糠团凤友小龙，奴隶日注臣双井。
收藏爱惜待佳客，不敢包裹钻权幸。
此诗有味君勿传，空使时人怒生瘿。

和蒋夔寄茶　苏轼

我生百事常随缘，四方水陆无不便。
扁舟渡江适吴越，三年饮食穷芳鲜。
金齑玉脍饭炊雪，海螯江柱初脱泉。
临风饱食甘寝罢，一瓯花乳浮轻圆。
自从舍舟入东武，沃野便到桑麻川。

翦毛胡羊大如马，谁记鹿角腥盘筵。
厨中蒸粟埋饭瓮，大杓更取酸生涎。
柘罗铜碾弃不用，脂麻白土须盆研。
故人犹作旧眼看，谓我好尚知当年。
沙溪北苑强分别，水脚一线争谁先。
清诗两幅寄千里，紫金百饼费万钱。
吟哦烹唯两奇绝，只恐偷乞烦封缠。
老妻稚子不知爱，一半已入姜盐煎。
人生所遇无不可，南北嗜好知谁贤。
死生祸福久不择，更论甘苦争媸妍。
知君穷旅不自释，因诗寄谢聊相镌。

鲁直以诗馈双井茶，次其韵为谢　苏轼

江夏无双种奇茗，汝阴六一夸新书。
磨成不敢付僮仆，自看雪汤生玑珠。
列仙之儒瘠不腴，只有病渴同相如。
明年我欲东南去，画舫何妨宿太湖。

送南屏谦师　苏轼

道人晓出南屏山，来试点茶三昧手。
忽惊午盏兔毛斑，打作春瓮鹅儿酒。

天台乳花世不见，玉川风液今安有。
先生有意续茶经，会使老谦名不朽。

怡然以垂云新茶见饷，报以大龙团仍戏作小诗　苏轼

妙供来香积，珍烹具大官。
拣牙分雀舌，赐茗出龙团。
晓日云庵暖，春风浴殿寒。
聊将试道眼，莫作两般看。

惠山谒钱道人烹小龙团登绝顶望太湖　苏轼

踏遍江南南岸山，逢山未免更留连。
独携天上小团月，来试人间第二泉。
石路萦回九龙脊，水光翻动五湖天。
孙登无遇空归去，半岭松声万壑传。

次韵曹辅寄壑源试焙新茶　苏轼

仙山灵雨湿行云，洗遍香肌粉未匀。
明月来投玉川子，清风吹破武林春。
要知冰雪心肠好，不是膏油首面新。
戏作小诗君莫笑，从来佳茗似佳人。

汲江煎茶　苏轼

活水还须活火烹，自临钓石汲深清。
大瓢贮月归春瓮，小杓分江入夜铛。
雪乳已翻煎处脚，松风忽作泻时声。
枯肠未易禁三碗，卧听山城长短更。

游诸佛舍，一日饮酽茶七盏，戏书勤师壁　孔平仲

示病维摩元不病，在家灵运已忘家。
何须魏帝一丸药，且尽卢仝七碗茶。

和子瞻煎茶　苏辙

年来病懒百不堪，未废饮食求芳甘。
煎茶旧法出西蜀，水声火候犹能谙。
相传煎茶只煎水，茶性仍存偏有味。
君不见闽中茶品天下高，倾身事茶不知劳；
又不见北方俚人茗饮无不有，盐酪椒姜夸满口。
我今倦游思故乡，不学南方与北方。
铜铛得火蚯蚓叫，匙脚旋转秋萤光。
何时茅檐归去炙背读文字，遣儿折取枯竹女煎汤。

记梦回文二首并序　苏辙

十二月二十五日大雪始晴，梦人以雪水烹小团茶，使美人歌以饮余。梦中为作回文诗，觉而记其一句云“乱点余花吐碧衫”，意用飞燕故事也。乃续之为二绝句云：

酡颜玉碗捧纤纤，乱点余花吐碧衫。
歌咽水云凝静院，梦惊松雪落空岩。
空花落尽酒倾缸，日上山融雪涨江。
红焙浅瓯新火活，龙团小碾斗晴窗。

灵山试茶歌　陈襄

乳源浅浅交寒石，松花堕粉愁无色。
明皇玉女跨神云，斗翦轻罗缕残壁。
我闻峦山二月春方归，苦雾迷天新雪飞。
仙鼠潭边兰草齐，雾芽吸尽香龙脂。
辘轳绳细井花暖，香尘散碧琉璃碗。
玉川冰骨照人寒，瑟瑟祥风满眼前。
紫屏冷落沉水烟，山月堂轩金鸭眠。
麻姑痴煮丹井泉，不识人间有上仙。

以双井茶送子瞻　黄庭坚

人间风日不到处，天上玉堂森宝书。

想见东坡旧居士，挥毫百斛泻明珠。
我家江南摘云腴，落硙霏霏雪不如。
为君唤起黄州梦，独载扁舟向五湖。

谢送碾赐壑源拣芽　黄庭坚

矞云从龙小苍璧，元丰至今人未识。
壑源包贡第一春，缃奁碾香供玉食。
睿思殿东金井栏，甘露荐碗天开颜。
桥山事严庀百局，补衮诸公省中宿。
中人传赐夜未央，雨露恩光照宫烛。
左丞似是李元礼，好事风流有泾渭。
肯怜天禄校书郎，亲敕家庭遣分似。
春风饱识太官羊，不惯腐儒汤饼肠。
搜搅十年灯火读，令我胸中书传香。
已戒应门老马走，客来问字莫载酒。

以小龙团及半挺赠无咎并诗用前韵为戏　黄庭坚

我持元圭与苍璧，以暗投人渠不识。
城南穷巷有佳人，不索槟榔常晏食。
赤铜茗碗雨斑斑，银粟翻光解破颜。
上有龙文下棋局，担囊赠金诺已宿。

此物已是元丰春，先皇圣功调玉烛。
晁子胸中娴典礼，平生自期莘与渭。
故用浇君块磊胸，莫令鬓毛雪相似。
曲几蒲团听煮汤，煎成车声绕羊肠。
鸡苏故麻留渴羌，不应乱我官焙香。
肥如瓠壶鼻雷吼，幸君饮此勿饮酒。

博士王扬休碾密云龙同事十三人饮之戏作　黄庭坚

矞云苍璧小盘龙，贡包新样出元丰。
王郎坦腹饭床东，太官分物来妇翁。
棘围深锁武成宫，谈天进士雕虚空。
鸣鸠欲雨唤雌雄，南岭北岭宫徵同。
午窗欲眠视蒙蒙，喜君开包碾春风，注汤官焙香出笼。
非君灌顶甘露碗，几为谈天干舌本。

答黄冕仲索煎双井并简杨休　黄庭坚

江夏无双乃吾宗，同舍颇似王安丰。
能浇茗碗湔祓我，风袂欲挹浮丘翁。
吾宗落笔赏幽事，秋月下照澄江空。
家山鹰爪是小草，敢与好赐云龙同。
不嫌水厄幸来辱，寒泉汤鼎听松风，夜堂朱墨小灯笼。

惜无纤纤来捧碗，唯倚新诗可传本。

谢王烟之惠茶　黄庭坚

平生心赏建溪春，一丘风味极可人。
香包解尽宝带胯，黑面碾出明窗尘。
家园魔爪政呕冷，官焙龙文常食陈。
于公岁取壑源足，勿遣沙溪来乱真。

谢公择舅分赐茶　黄庭坚

外家新赐苍龙璧，北焙风烟天上来。
明日蓬山破寒月，先甘和梦听春雷。

春同公择作拣芽咏　黄庭坚

赤囊岁上双龙璧，曾见前朝盛事来。
想得天香随御所，延春阁道转轻雷。

咏茶　秦观

茶实嘉木英，其香乃天育。
芳不愧杜蘅，清堪掩椒菊。
上客集堂葵，圆月采奁盝。
玉鼎注漫流，金碾响杖竹。

侵寻发美鬯，猗狔生乳粟。

经时不销歇，衣袂带芬郁。

幸蒙中笥藏，苦厌龙兰续。

愿君斥异类，使我全芬馥。

次韵鲁直谢李左丞送茶　晁补之

都城米贵斗论璧，长饥茗碗无从识。

道和何暇索槟榔，惭愧云龙羞肉食。

壑海万晦不作栏，上春伐鼓惊出颜。

题封进御官有局，夜行初不更驿宿。

冰融太液俱未知，寒食新苞随赐烛。

建安一水去两水，易较岂如泾与渭。

左丞分送天上余，我试比方良有似。

月团清润珍豢羊，葵花琐细胃与肠。

可怜赋罢群玉晚，宁忆睡余双井香。

大胜胶西苏太守，茶汤不美夸薄酒。

鲁直复以诗送茶云：愿君饮此勿饮酒。次韵　晁补之

相茶真似石韫璧，至精那可皮肤识。

溪芽不给万口须，往往山毛俱入食。

云龙正用饷近班，乞与粗官试觍颜。

崇朝一碗坐官局，申旦形清不成宿。
平生乐此臭味同，故人贻我情相烛。
黄侯发轫日千里，天育收驹自汧渭。
车声出鼎细九盘，如此佳句谁能似。
遣试齐民蟹眼汤，扶起醉头湔腐肠。
颇类他时玉川子，破鼻竹林风送信。
吾侪幽事动不朽，但读离骚可无酒。

陆元钧宰寄日注茶 晁冲之

我昔不知风雅颂，草木独遗茶比讽。
陋哉徐铉说茶苦，欲与淇园竹同种。
又疑禹漏税九州，橘柚当年错包贡。
腐儒妄测圣人意，远物劳民亦安用。
含桃熟荐当在盘，荔子生来枉飞鞚。
羊葅异好亦何有，蜡菜殊珍要非奉。
君家季疵真祸首，毁论徒劳世仍重。
争新斗试夸击拂，风俗移人可深痛。
老夫病渴手自煎，嗜好悠悠亦从众。
更烦小陆分日注，密封细字蛮奴送。
枪旗却忆采撷初，雪花似是云溪动。
更期遗我但敲门，玉川无复周公梦。

简江子之求茶　晁冲之

政和密云不作团，小铐寸许苍龙蟠。
金花绛囊如截玉，绿面仿佛松溪寒。
人间此品那可得，三年闻有终未识。
老夫于此百不忙，饱食但苦夏日长。
北窗无风睡不解，齿颊苦涩思清凉。
故人新除协律郎，交游多在白玉堂，拣芽斗夸皆饫尝。
幸为传声李太府，烦渠折简买头纲。

谢人送凤团及建茶　韩驹

山瓶惯识露芽香，细箬匀排讶许方。
犹喜晚途官样在，密罗深碾看飞霜。

饮修仁茶　孙觌

烟云吐长崖，风雨暗古县。
竹舆赪两肩，弛担息微倦。
茗饮初一尝，老父有芹献。
幽姿绝媚妩，著齿得瞑眩。
昏昏嗜睡翁，唤起风洒面。
亦有不平心，尽从毛孔散。

李茂嘉寄茶　孙觌

蛮珍分到谪仙家，断璧残璋裹绛纱。
拟把金钗候汤眼，不将白玉伴脂麻。

次韵刘升卿惠焦坑寺茶用东坡韵　王庭珪

日出城门啼早鸦，杖藜投足野僧家。
非关西寺钟前饭，要看南枝雪里花。
玉局偶然留妙语，焦坑从此贵新茶。
刘郎寄我兼长句，落笔更加锥画沙。

初识茶花　陈与义

伊轧篮舆不受催，湖南秋色更佳哉。
青裙玉面初相识，九月茶花满路开。

戏酬尝草茶　沈与求

惯看留客费瓜茶，政羡多藏不示夸。
要使睡魔能偃草，肯惭欢伯解迷花。
一旗但觉烹殊品，双凤何须觅瑞芽。
待摘家山供茗饮，与君盟约去骄奢。

答卓民表送茶　朱松

搅云飞雪一番新，谁念幽人尚食陈。
仿佛三生玉川子，破除千饼建溪春。
唤回窈窈清都梦，洗尽蓬蓬渴肺尘。
便欲乘风度芹水，却悲狡狯得君嗔。

茶岩　罗愿

岩下才经昨夜雷，风炉瓦鼎一时来。
便将槐火煎岩溜，听作松风万壑回。

次韵王少府送焦坑茶　周必大

昏然午枕困漳滨，醒以清风赖子真。
初似参禅逢硬语，久如味谏得端人。
王程不趁清明宴，野老先分浩荡春。
敢向柘罗评绿玉，待君回碾试飞尘。

胡邦衡生日以诗送北苑八镑日铸二瓶　周必大

贺客称觞铁冠霞，悬知酒渴正思茶。
尚书八饼分闽焙，主簿双瓶拣叶芽。
妙手合调金鼎铉，清风稳到玉皇家。
明年敕使宣台馈，莫忘幽人赋叶嘉。

谢木韫之舍人分送讲筵赐茶　杨万里

吴绫缝囊染菊水，蛮砂涂印题进字。
淳熙锡贡新水芽，天珍误落黄茅地。
故人鸾渚紫微郎，金华讲彻花草香。
宣赐龙焙第一纲，殿上走趋明月珰。
御前啜罢三危露，满袖香烟怀璧去。
归来拈出两蜿蜒，雷电晦冥惊破柱。
北苑龙芽内样新，铜围银范铸琼尘。
九天宝月霏五云，玉龙双舞黄金鳞。
老夫平生爱煮茗，十年烧穿折脚鼎。
下山汲井得甘冷，上山摘芽得苦梗。
何曾梦到龙游窠，何曾梦吃龙芽茶。
故人分送玉川子，春风来自玉皇家。
锻圭椎璧调冰水，烹龙炮凤搜肝髓。
石花紫笋可衙官，赤印白泥牛走尔。
故人气味茶样清，故人风骨茶样明。
开缄不但似见面，叩之咳唾金石声。
曲生劝人堕巾帻，睡魔遣我抛书册。
老夫七碗病未能，一啜犹堪坐秋夕。

以六一泉煮双井茶　杨万里

鹰爪新茶蟹眼汤，松风鸣雷兔毫霜。
细参六一泉中味，故有焙翁句子香。
日铸建溪当退舍，落霞秋水梦还乡。
何时归上滕王阁，自看风炉自煮尝。

送新茶李圣俞郎中　杨万里

头纲别样建溪春，小璧苍龙浪得名。
细泻谷帘珠颗露，打成寒食杏花饧。
鹧斑碗面云萦宇，兔褐瓯心雪作泓。
不待清风生两腋，清风先向舌端生。

舟泊吴江　杨万里

江湖便是老生涯，佳处何妨且泊家。
自汲淞江桥下水，垂虹亭上试新茶。

茶坂　朱熹

携籯北岭西，采撷供茗饮。
一啜夜窗寒，跏趺谢衾枕。

茶灶 朱熹

仙翁遗石灶，宛在水中央。
饮罢方舟去，茶烟袅细香。

香茶供养黄蘖长老悟公故人之塔井以小诗见意二首 朱熹

摆手临行一寄声，故应离合未忘情。
炷香瀹茗知何处，十二峰前海月明。

一别人间万事空，他年何处却相逢。
不须更话三生石，紫翠参天十二峰。

赏茶 戴昺

自汲香泉带落花，漫烧石鼎试新茶。
绿阴天气闲庭院，卧听黄蜂报晚衙。

观山茶过回龙寺示邦基 僧惠洪

北窗赏新晴，睡美正清熟。
竹鸡断幽梦，朦胧不能续。
卧闻故人家，山茶已出屋。
欣然一命驾，妍暖快僮仆。
千朵鹤顶红，染此一丛绿。

坐客例能诗，秀句抵金玉。
携过回龙寺，扫笔为君录。
逸笔作波险，欹斜不可读。
坐惊殷床钟，暮色眩双目。
入关更清兴，市井乱灯烛。
人生分万途，称心良易足。
时平且行乐，余宾非所欲。

和曾逢原试茶连韵　僧惠洪

霜须瘴面豁齿牙，门前小舟尝自拿。
茅茨丛竹依垄畲，君来游时方采茶。
传呼部曲江路赊，迎门颠倒披袈裟。
仙风照人虔敬加，秀如春露湿兰芽。
和如东风吹奇葩，马蹄归路冲飞花。
青松转壑登龙蛇，路人聚观不敢哗。
诗筒复肯来山家，想见戟门兵卫遮。
湘江玉碾无纤瑕，但闻江空响钓车。
嗟予生计唯摝虾，安识醉墨翻侧麻。
喜如小儿抱秋爪，宣和官焙囊绛纱。
见之美如痒初爬，爱客自试欢无涯。
身世都忘是长沙，院落日长蜂趁衙。
园林雨足鸣池蛙，诗成句法规正邪。

细窥不容铢两差，逸群翰墨争传夸。
坡谷非子前身耶，沅湘万古一长嗟。
明年夜直趋东华，应有佳句怀烟霞。

与客啜茶戏成　僧惠洪

道人要我煮温山，似识相如病里颜。
金鼎浪翻螃蟹眼，玉瓯绞刷鹧鸪斑。
津津白乳冲眉上，拂拂清风产腋间。
唤起晴窗春昼梦，绝怜佳味少人攀。

食新茶　永颐

自向山中来，泉石足幽弄。
茶经犹挂壁，庭草积已众。
拜先俄食新，香凝云乳动。
心开神宇泰，境豁谢幽梦。
至味延冥遐，灵爽脱尘鞚。
静语生云雷，逸想超鸾凤。
饱此岩壑真，清风愿遐送。

偶成　金吴激

蟹汤兔盏斗旗枪，风雨山中枕簟凉。

学道穷年何所得，只工扫地与焚香。

夏至　赵秉文

玉堂睡起苦思茶，别院铜轮碾露芽。
红日转阶帘影薄，一双蝴蝶上葵花。

新样团茶　李俊民

春风倾倒在灵芽，才到江南百草花。
未试人间小团月，异香先入玉川家。

茗饮　元好问

宿醒未破厌觥船，紫笋分封入晓煎。
槐火石泉寒食后，鬓丝禅榻落花前。
一瓯春露香能永，万里清风意已便。
邂逅华胥犹可到，蓬莱未拟问群仙。

西域从王君玉乞茶因其韵七首　元·耶律楚材

积年不啜建溪茶，心窍黄尘塞五车。
碧玉瓯中思雪浪，黄金碾畔忆雷芽。
卢仝七碗诗难得，谂老三瓯梦亦赊。
敢乞君侯分数饼，暂教清兴绕烟霞。

厚意江洪绝品茶，先生分出蒲轮车。
雪花滟滟浮金蕊，玉屑纷纷碎白芽。
破梦一杯非易得，搜肠三碗不能赊。
琼瓯啜罢酬平昔，饱看西山插翠霞。

高人惠我岭南茶，烂赏飞花雪没车。
玉屑三瓯烹嫩蕊，青旗一叶碾新芽。
顿令衰叟诗魂爽，便觉红尘客梦赊。
两腋清风生坐榻，幽欢远胜泛流霞。

酒仙飘逸不知茶，可笑流涎见曲车。
玉杵和云舂素月，金刀带雨剪黄芽。
试将绮语求茶饮，特胜春衫把酒赊。
啜罢神清淡无寐，尘嚣身世便云霞。

长笑刘伶不识茶，胡为买锸漫随车。
萧萧暮雨云千顷，隐隐春雷玉一芽。
建郡深瓯吴地远，金山佳水楚江赊。
红炉石鼎烹团月，一碗和香吸碧霞。

枯肠搜尽数杯茶，千卷胸中到几车。
汤响松风三昧手，雪香雷震一枪芽。

满囊垂赐情何厚，万里携来路更赊。
清兴无涯腾八表，骑鲸踏破赤城霞。

啜罢江南一碗茶，枯肠历历走雷车。
黄金小碾飞琼屑，碧玉深瓯点雪芽。
笔阵陈兵诗思勇，睡魔卷甲梦魂赊。
精神爽逸无余事，卧看残阳补断霞。

尝云芝茶　刘秉忠

铁色皴皮带老霜，含英咀美人诗肠。
舌根未得天真味，鼻观先通圣妙香。
海上精华难品第，江南草木属寻常。
待将肤腠侵微汗，毛骨生风六月凉。

煮茶图并序　袁桷

《煮茶图》一卷，仿石窗史处州燕居故事所作也。石窗讳文卿，字景贤，外高祖忠定王曾孙。仪观清朗，超然绮纨之习。聚四方奇石，筑堂曰“山泽居”，而自号曰“石窗山樵”。此图左列图卷，比束如玉笋，锦绣间错。旁有一童，出囊琴拂尘以俟命。右横重屏，石窗手执乌丝栏书展玩，疑有所构思。屏后一几，设茶器数十。一童伛背运碾，绿尘满巾。一童篝火候汤，蹙唇望鼎口，若惧主人将索者。如意、麈尾、巾壶、研纸，皆纤悉整具。羽衣乌巾，玉色绚起，望之真飞仙人。予意永和诸贤，放浪泉石，当不过是。而其泊然宦意，翰墨清洒，诚足以方驾而无愧。甲午冬十月，其孙公畴出以相示，因记而赋之，以发千古之远想云。

石窗山樵晋公子，独鹤萧萧烟竹里。
月湖一顷碧琉璃，高筑虚堂水中沚。
堂深六月生凉秋，万柄风摇红旖旎。
遵南更有山泽居，四面晴峰插天倚。
忆昔王门豪盛时，甲族丁黄总朱紫。
晓趋黄阁袖香尘，俯首脂韦希隽美。
一官远去长安门，德色欣欣对妻子。
岂如高怀脱荣辱，妙出清言洗纨绮。
郡符一试不挂意，岸帻看云卧林墅。
平生嗜茗茗有癖，古井汲泉和石髓。
风回翠碾落晴花，汤响云铛衮珠蕊。
齿寒意冷复三咽，万事无言归坎止。
何人丹青悟天巧，落笔毫芒研妙理。
黄粱初炊梦未古，旧事凄零谁复记？
展图缥眇忆遗踪，玉佩珊珊响秋水。

题苏东坡墨迹　虞集

老却眉山长帽翁。茶烟轻扬鬓丝风。
锦囊旧赐龙团在。谁为分泉落月中。

元统乙亥余除闽宪知事未行，立春十日参政许可用惠茶寄诗以谢　萨都剌

春到人间才十日，东风先过玉川家。
紫薇书寄斜封印，黄阁香分上赐茶。
秋露有声浮薤叶，夜窗无梦到梅花。
清风两腋归何处，直上三山看海霞。

雪煎茶　谢宗可

夜扫寒英煮绿尘，松风入鼎更清新。
月团影落银河水，云脚香融玉树春。
陆井有泉应近俗，陶江无酒未为贫。
诗脾夺尽丰年瑞，分付蓬莱顶上人。

煮土茶歌　洪希文

论茶自古称壑源，品水无出中泠泉。
莆中苦茶出土产，乡味自汲井水煎。
器新火活清味永，且从平地休登仙。
王侯第宅斗绝品，揣分不到山翁前。
临风一啜心自省，此意莫与他人传。

土锉茶烟　李谦亨

荧荧石火新，湛湛山泉冽。
汲水煮春芽，清烟半如灭。
香浮石鼎花，淡锁松窗月。
随风自悠扬，缥缈林梢雪。

茶灶石　蔡廷秀

仙人应爱武夷茶，旋汲新泉煮嫩芽。
啜罢骖鸾归洞府，空余石灶锁烟霞。

龙门茶屋图　倪瓒

龙门秋月影，茶屋白云泉。
不与世人赏，瑶草自年年。
上有天池水，松风舞沦涟。
何当蹑飞凫，去采池中莲。

煮茗轩　谢应芳

聚蚊金谷任荤膻，煮茗留人也自贤。
三百小团阳羡月，寻常新汲惠山泉。
星飞白石童敲火，烟出青林鹤上天。
午梦觉来汤欲沸，松风初响竹炉边。

竹窗　马臻

竹窗西日晚来明，桂子香中鹤梦清。
侍立小童闲不动，萧萧石鼎煮茶声。

绿窗诗　孙淑

小阁烹香茗，疏帘下玉钩。
灯光翻出鼎，钗影倒沈瓯。
婢捧消春困，亲尝散莫愁。
吟诗因坐久，月转晚妆楼。

采茶词　明·高启

雷过溪山碧云暖，幽丛半吐枪旗短。
银钗女儿相应歌，筐中摘得谁最多。
归来清香犹在手，高品先将呈太守。
竹炉新焙未得尝，笼盛贩与湖南商。
山家不解种禾黍，衣食年年在春雨。

过山家　高启

流水声中响纬车，板桥春暗树无花。
风前何处香来近，隔崦人家午焙茶。

送翰林宋先生致政归金华　孙蕡

红鞓金带荔枝花，三品词林内相家。
归去山中无个事，瓦瓶春水自煎茶。

白云泉煮茶　韩奕

白云在天不作雨，石罅出泉如五乳。
追寻能自远师来，题咏初因白公语。
山中知味有高禅，采得新芽社雨前。
欲试点茶三昧手，上山亲汲云间泉。
物品由来贵同性，骨清肉腻味方永。
客来如解吃茶去，何但令人尘梦醒。

送茶僧　陆容

江南风致说僧家，石上清香竹里茶。
法藏名僧知更好，香烟茶晕满袈裟。

煎茶图　徐祯卿

惠山秋净水泠泠，煎具随身挈小瓶。
欲点云腴还按法，古藤花底阅茶经。

秋夜试茶　徐祯卿

静院凉生冷烛花，风吹翠竹月光华。
闷来无伴倾云液，铜叶闲尝紫笋茶。

是夜酌泉试宜兴吴大本所寄茶　文徵明

醉思雪乳不能眠，活火沙瓶夜自煎。
白绢旋开阳羡月，竹符新调惠山泉。
地炉残雪贫陶榖，破屋清风病玉川。
莫道年来尘满腹，小窗寒梦已醒然。

和茅孝若试岕茶歌兼订分茶之约　汪道会

昔闻神农辨茶味，功调五脏能益思。
北人重酪不重茶，遂令齿颊饶膻气。
江东顾渚夙擅名，会稽灵荈称日铸。
松萝晚岁出吾乡，几与虎丘争市利。
评者往往最吴兴，清虚淡穆有幽致。
去年春尽客西泠，茅君遗我岕一器。
更寄新篇赋岕歌，蝇头小书三百字。
为言明月峡中生，洞山庙后皆其次。
终朝采撷不盈筐，阿颜手泽柔荑焙。
急然石鼎斛惠泉，汤响如聆松上吹。

须臾缥碧泛瓷瓯，茀然鼻观微芳注。
金茎晨露差可方，玉泉寒冰讵能配。
顿浣枯肠净扫愁，乍消尘虑醒忘睡。
因知品外贵希夷，芳馨秾郁均非至。
陆羽细碎抟紫芽，烹点虽佳失真意。
常笑今人不如古，此事今人信超诣。
冯公已死周郎在，当日风流犹未坠。
君之良友吴与臧，可能不为兹山志。
嗟予耳目日渐衰，老失聪明惭智慧。
君能岁赠叶千片，我报隃麋当十剂。
凉飔杖策寻黄山，倘过陆家茶酒会。

赠欧道士卖茶　施渐

静守黄庭不炼丹，因贫却得一身闲。
自看火候蒸茶熟，野鹿衔筐送下山。

某伯子惠虎丘茗谢之　徐渭

虎丘春茗妙烘蒸，七碗何愁不上升。
青箬旧封题谷雨，紫砂新罐买宜兴。
却从梅月横三弄，细搅松风炧一灯。
合向吴侬彤管说，好将书上玉壶冰。

雨后过云公问茶事　居节

雨洗千山出，氤氲绿满空。
开门飞燕子，吹面落花风。
野色行人外，经声流水中。
因来问茶事，不觉过云东。

题唐伯虎烹茶图为喻正之太守三首　王穉登

太守风流嗜酪奴，行春常带煮茶图。
图中傲吏依稀似，纱帽笼头对竹炉。

灵源洞口采旗枪，五马来乘谷雨尝。
从此端明茶谱上，又添新品绿云香。

伏龙十里尽香风，正近吾家别墅东。
他日千旄能见访，休将水厄笑王濛。

暮春偶过山家　吴兆

山村处处采新茶，一道春流浇几家。
石径行来微有迹，不知满天是松花。

题诗经室　僧得祥

池边木笔花新吐，窗外芭蕉叶未齐。

正是欲书三五偈，煮茶香过竹林西。

词

品令·咏茶　宋·黄庭坚

凤舞团团饼。恨分破、教孤令。金渠体净，只轮慢碾，玉尘光莹。汤响松风，早减了、二分酒病。

味浓香永。醉乡路、成佳境。恰如灯下，故人万里，归来对影。口不能言，心下快活自省。

一斛珠·咏茶　黄庭坚

红牙板歇。韶声断、六云初彻。小槽酒滴真珠竭。紫玉瓯圆，浅浪泛春雪。

香芽嫩蕊清心骨。醉中襟量与天阔。夜阑似觉归仙阙。走马章台，踏碎满街月。

阮郎归·咏茶　黄庭坚

歌停檀板舞停鸾。高阳饮兴阑。兽烟喷尽玉壶干。香分小凤团。

云浪浅，露珠圆。捧瓯春笋寒。绛纱笼下跃金鞍。归时人倚栏。

前调·煎茶　黄庭坚

烹茶留客驻金鞍，月斜窗外山。见郎容易别郎难，有人愁远山。

归去后，忆前欢，画屏金博山。一杯春露莫留残，与郎扶玉山。

解语花·题美人捧茶　明·王世贞

中泠乍汲，谷雨初收，宝鼎松声细。柳腰娇倚，薰笼畔、斗把碧旗碾试。兰芽玉蕊，勾引清风一缕。颦翠蛾、斜捧金瓯，暗送春山意。

微袅露鬟云髻。瑞龙涎犹自沾恋纤指。流莺新脆低低道，卯酒可醒还起。双鬟小婢，越显得那人清丽。临饮时、须索先尝，添取樱桃味。

前调·题美人捧茶　王世懋

春光欲醉，午睡难醒，金鸭沈烟细。画屏斜倚，销魂处、漫把凤团剖试。云翻露蕊，早碾破愁肠万缕。倾玉瓯、徐上闲阶，有个人如意。

堪爱素鬟小髻。向璚芽相映寒透纤指。柔莺声脆香飘动，唤却玉山扶起。银瓶小婢，偏点缀几般佳丽。凭陆生、空说茶经，何似侬家味。

苏幕遮·夏景题茶　王世懋

竹床凉，松影碎。沉水香消，尤自贪残睡。无那多情偏著意。碧碾旗枪，玉沸中泠水。

捧轻瓯，沽弱醑。色授双鬟，唤觉江郎起。一片金波谁得似。半入松风，半入丁香味。

百字令·谷雨试茶　黄遐昌

春风着意助才华，又有一番新致。花褪残红添绿叶，正是困人天气。燕尾翩跹，莺喉宛转，妆点游春记。此时此景，谁念孤清风味。

幸有翠叶初抽，琼枝细碾，竹里炉声沸。谡谡松风多逸兴，谅亦党家不试。雅沁诗脾，幽来琴韵，更浣愁人胃。名花美酒，于中作何位置。

选　句

唐

万畦新稻傍山村，数里深松到寺门。幸有香茶留释子，不堪秋草送王孙。（李嘉祐《晚秋招隐寺东峰茶宴》）

异迹焚香对，新诗酌茗论。（严维《奉和独孤中丞游云门寺》）

不羡黄金罍，不羡白玉杯，不羡朝入省，不羡暮入台，千羡万羡西江水，曾向竟陵城下来。（陆羽《六羡歌》）

捣茶书院静，讲易药堂春。（于鹄《赠李太守》）

薤叶照人呈夏簟，松花满碗试新茶。（刘禹锡《送蕲州李郎中赴任》）。

为客烧茶灶，教儿扫竹庭。（张籍《赠合少府》）

摘花浸酒春愁尽，烧竹煎茶夜卧迟。（姚合《宿友人山居》）

野客偷煎茗，山僧惜净床。(章孝标《方山寺松下泉》)

日暖持筐依茗树，天阴抱火入银坑。(章孝标《送饶州张蒙使君赴任》)

茶烟轻扬落花风。(杜牧《题禅院》)

春桥悬酒幔，夜栅集茶樯。(许浑《送人归吴兴》)

煮雪问茶味，当风看雁行。(喻凫《送潘咸》)

茶兴留诗客，瓜情想成人。(薛能《闲居新雪》)

饭后嫌身重，茶中见鸟归。(薛能《寄终南山隐者》)

茶炉天姥客，棋席剡溪僧。(温庭筠《宿一公精舍》)

采茶溪树绿，煮药石泉清。(温庭筠《赠隐者》)

嫩芽香且灵，吾谓草中英。夜臼和烟捣，寒炉对雪烹。惟忧碧粉散，常见绿花生。(郑愚《茶诗》)

别画长怀吴寺壁，宜茶偏赏霅溪泉。(司空图《重阳日访元秀上人》)。

日与村家事渐同，烧畬掇茗学邻翁。(方干《山中言事》)

云坞采茶常失路，雪龛中酒不开扉。(方干《初归镜中寄陈端公》)

藓侵隋画暗，茶助越瓯深。(郑谷《题兴善寺》)

乱飘僧舍茶烟湿，密洒高楼酒力微。(郑谷《雪中偶题》)

读易明高烛，煎茶取折冰。(曹松《山中寒夜呈进士许棠》)

华山僧别留茶鼎，渭水人来锁钓船。(李洞《赠昭应沈少府》)

他日愿师容一榻，煎茶扫地习忘机。(李洞《寄淮海慧泽上人》)

橘青逃暑寺，茶长隔湖溪。（释无可《送邵锡及第归湖州》）

爱君高野意，烹茗酌沦涟。（释皎然《陪卢判官水堂夜宴》）

宋

洗砚鱼吞墨，烹茶鹤避烟。（魏野《书友人屋壁》）

唤客煎茶山店远，看人秧稻午风凉。（黄庭坚 《新喻道中寄元明》）

芳茶冠大清，溢味播九区。（张载《登成都楼》）

花雨随风散，茶烟隔竹消。（元长宪《送哲古心往吴江报恩寺》）

方床石鼎高情远，细雨茶烟清昼迟。（周砥《玉山草堂》）

三百小团汤羡月，寻常新汲惠山泉。（谢应芳《煮茗轩》）

明

消愁茶煮双团凤，萦恨香盘九篆龙。（周宪王朱有燉《云英》）

卧云歌酒德，对雨著茶经。（詹同《寄方壶道人》）

山笼输茶至，溪船摘芰行。（高启《送董湖州》）

谷雨收茶早，梅天晒药忙。（高启《临顿里》）

小桥小店沽酒，新火新烟煮茶。（杨基《即景诗》）

莫煮清贫学士茶，且沽绿色人间酒。（杨基《春江对雪》）

蚕熟新丝后，茶香煮酒前。（杨基《立夏前一日》）

花尽才收蜜，烟生正焙茶。（徐贲《题周伯阳所居》）

鼎沸茶初煮，炉香粟自煨。（魏观《宁国溪上》）

漠漠茶烟当户起，丁丁樵响隔林闻。（陈汝言《睡起》）

明朝拟入五湖里，且载茶灶寻龟蒙。（王彝鄞《江渔者歌》）

山中知味有高禅，采得新芽社雨前。欲试点茶三昧手，上山亲汲云间泉。（韩奕《白雪泉煮茶》）。

入社陶公宁止酒，品泉陆子解煎茶。（韩奕《山院》）

酒为老夫开瓮盎，茗和春露摘旗枪。（陈宪章《南归途中先寄诸乡友诗》）

待到春风二三月，石炉敲火试新茶。（魏时敏《残年书事》）

江南风致说僧家，石上清香竹里茶。（陆容《送茶僧》）

一碗午茶鏖醉北，半溪春水带愁东。（马中锡《早春自述》）

漫道坐来多渴思，一茶还待老僧还。（邵宝《病起山行》）

载酒定须三宿返，送茶时复一僧来。（邵宝《寒日怀卧云上人》）

消忧满贮北海酒，破闷亦有南山茶。（顾清《北野同南村访北花园废址》）

春风修禊忆江南，酒榼茶炉共一担。（唐寅《题画》）

松间鸣瑟惊栖鹤，竹里茶烟起定僧。（王守仁《登凭虚阁和石少宰韵》）

阳羡紫茶团小月，吴江白苎剪轻霜。（浦瑾《闲居漫兴五首其二》）

草堂幽事许谁分，石鼎茶烟隔户闻。（浦瑾《闲居漫兴五首其一》）

方床睡起茶烟细，矮纸诗成小草斜。（文徵明《初夏次韵答石田

先生》)

小窗团扇春寒尽，竹榻茶杯午困醒。(文徵明《初夏遣兴》)

青箬小壶冰共裹，寒灯新茗月同煎。(文徵明《雪夜郑太后送惠山泉》)

醉思雪乳不能眠，活火沙瓶夜自煎。白绢旋开阳羡月，竹符新调惠山泉。(文徵明《酌泉试宜兴吴大本所寄茶》)

残酒未醒春困剧，汲溪聊试雨前茶。(文徵明《二月望与次明道复泛舟出江村桥抵上沙遵陆邂逅钱孔周朱尧民登天平饮白云亭次第得诗四首》)

矮纸凝霜供小草，浅瓯吹雪试新茶。(文徵明《同王履约过道复东堂时雨后牡丹狼籍存叶底一花盛而赋诗邀道复履约同作》)

粉墙树色交深夏，羽扇茶瓯共晚凉。(文徵明《夏日闲居》)

春随落花去，人自采茶忙。(蔡羽《与陆无蹇宿资庆寺》)

虎丘春茗妙烘蒸，七碗何愁不上升。(徐渭《谢惠虎丘茗》)

太守风流嗜酪奴，行春常带《煮茶图》。(王穉登《题唐伯虎烹茶图为喻正之太守诗三首其一》)

灵源洞口采旗枪，五马来乘谷雨尝。(王穉登《题唐伯虎烹茶图为喻正之太守诗三首其二》)

酒楼邀月人怀楚，茗渚抽烟鸟报春。(黄居中《有渚轩宴集用韵答潘景升轩以顾清茶得名余与景升不善酒而有茶癖故云》)

白石青松如画里，临流乞得惠泉茶。(袁宏道《皇甫仲璋邀饮惠山》)

柏叶细倾元日榼，松萝频泼小春茶。（程嘉燧《正月四日张次公先生过遇琴馆留宿对雪即事》）

烟起炊茶灶，声闻汲井瓯。（吴兆《法海寺》）

十里寒山路，香风正采茶。（吴鼎芳《寄赵凡夫》）

何处茶烟起，渔舟系竹西。（吴鼎芳《前溪》）

山云茶屋暖，海月竹窗虚。（方登《自述》）

炉存散微篆，茗熟独成斟。（释良琦《莫春雍熙寺访沈自诚不遇》）

雨气来山北，茶香过竹西。（德祥《许起宗见过》）

寂寞南山下，茶烟出树林。（德祥《春雪有怀湛然禅师》）

花沟安钓艇，蕉地着茶瓶。（德祥《竹亭》）

茶罢焚香独坐时，金莲水滴漏声迟。（维则《山居四景》）

晴旭晓微烘，游蜂掠芳蕊。澹香匀密露，繁艳照烟水。（道衍《茶轩为陈惟演赋》）

道人家住中峰上，时有茶烟出薜萝。（宗林《题钟钦礼所画〈雪山江水隐者图〉》）

第三辑

故　事

方　法

缓火炙，活火煎

兵部员外郎李约，天性嗜茶能自煎。谓人曰：“茶须缓火炙，活火煎。”活火，谓炭火之焰者也。客至不限瓯数，竟日执持茶器不倦。曾奉使行至陕州硖石县东，爱渠水清流，旬日忘返。（《因话录》）

惩失睡奴

陆鸿渐采越江茶，使小奴子看焙。奴失睡，茶燋烁，鸿渐怒，以铁绳缚奴投火中。（《云仙杂记》）

以都统笼贮

楚人陆鸿渐为茶论，并煎炙之法，造茶具二十四事，以都统笼贮之。常伯熊者，因广鸿渐之法，伯熊饮茶过度，遂患风气，或云北人未有茶，多黄病，后饮，病多腰疾偏死。（《续博物志》）

煎茶加酥椒

德宗好煎茶加酥椒之类。李泌戏曰:“旋末翻成碧玉池，添酥散作琉璃眼。”(《事词类奇》)

注汤幻茶

馔茶而幻出物象于汤面者，茶匠通顺之艺也。沙门福全生于金乡，长于茶海，能注汤幻茶，成一句诗，共点四瓯，共一绝句，泛乎汤表。小小物类，唾手办耳。(《清异录》)

茶推芥山第一

朱蒙，字昧之，别性桂，精茶理。先是，芥山茶叶，俱用柴焙，蒙易以炭，益香冽；又创诸制法，茶遂推芥山第一。今山中肖像祀，每开园日，必先祭蒙。其书法，亦名家。(《太仓州志》)

茶百戏

茶至唐始盛。近世有下汤运允别施妙诀，使汤纹水脉成物象者，禽兽虫鱼花草之属，纤巧如画，但须臾即就散灭，此茶之变也。时人谓之茶百戏。(《清异录》)

漏影春

漏影春，法用镂纸贴盏，糁茶而去纸，伪为花身，别以荔肉为

叶，松实、鸭脚之类珍物为蕊，沸汤点搅。(《清异录》)

艺茶

艺茶欲茂，法如种瓜，三岁可采。野者上，园者次；阳崖阴林，紫者上，绿者次；笋者上，芽者次；卷者上，舒者次。(《六一集》)

煎茶用姜

唐人煎茶用姜，故薛能诗云："盐损添常戒，姜宜煮更夸。"据此，则又有用盐者矣。近世有用此二物者，辄大笑之。然茶之中等者，若用姜煎，信佳也，盐则不可。(《东坡志林》)

瀹茶

余同年李南金云："《茶经》，以鱼目涌泉连珠，为煮水之节。然近世瀹茶，鲜以鼎镬，用瓶煮水，难以候视，则当以声辨一沸二沸三沸之节。"又陆氏之法，以未就茶镬，故以第二沸为合量而下，未若以金汤就茶瓯瀹之，则当用背二涉三之际为合量，乃为声辨之。诗云："砌虫唧唧万蝉催，忽有千车捆载来，听得松风并涧水，急呼缥色绿瓷杯。"其论固已精矣。然瀹茶之法，汤欲嫩而不欲老，盖汤嫩则茶味甘，老则过苦矣。若声如松风涧水，而遽瀹之，岂不过于老而苦哉！惟移瓶去火，少待其沸止而瀹之，然后汤适中而茶味甘，此南金之所未讲者也。因补以一诗云："松风桧雨到来

初，急引铜瓶离竹炉，待得声闻俱寂后，一瓯春雪胜醍醐。”（《鹤林玉露》）

煎法

茶即药也，煎服则去滞而化食，以汤点之，则反滞膈而损脾胃。盖市利者多取他叶，杂以为末，人多怠于煎服，宜有害也。今法采芽，或用碎擘，以活水煎之，饮后必少顷乃服。坡公诗云：“活水须将活火烹，”又云，“饭后茶瓯未要深。”此煎之法也。陆羽亦以江水为上，山与井俱次之，今世不惟不择水具，又入盐及茶果，殊失正味，不知唯葱去昏，梅去倦，如不昏不倦，亦何必用。古人之嗜茶者，无如玉川子，未闻煎欤。如以汤点，则安能及七碗乎。山谷词云：“汤响松风，早减了七分酒病。”倘知此味，“口不能言，心下快活自省”之禅，远矣。（《山家清供》）

莲花茶

莲花茶：就池沼中，早饭前，日初出时，择取莲花蕊略破者，以手指拨开，入茶满其中，用麻丝缚扎定，经一宿，明早连花摘之，取茶纸包晒，如此三次，锡罐盛，扎口收藏。（《云林遗事》）

藏法

徐茂吴云：藏茶法，实茶大瓮底，置箬封固倒放，则过夏不黄，以其气不外泄也。子晋云：当倒放有盖缸内，缸宜砂底，则不生水而常燥，时常封固，不宜见日；见日则生翳，损茶性矣。藏又不宜热处，新茶不宜骤用，过黄梅其味始佳。（《快雪堂漫录》）

炒茶并藏法

锅令极净，茶要少，火要猛，以手拌炒，令软洁，取出，摊匾中，略用手揉之。揉去焦梗，冷定复炒，极燥而止，不得便入瓶。置净处，不可近湿。一二日再入锅炒，令极燥，摊冷。先以瓶用汤煮过，烘燥，烧栗炭透红，投瓶中覆之，令黑，去炭及灰，入茶少分，投入冷炭。将满，实宿箬叶封固厚，用纸包，以燥净无气味砖石压之。置透风处，不得傍墙壁及泥地。如欲频取，宜用小瓶。（《快雪堂漫录》）

采藏烹品，处理得宜

采茶欲精，藏茶欲燥，烹茶欲洁。茶见日而味夺，墨见日而色灰。品茶：一人得神，二人得趣，三人得味，七八人是名施茶。（《岩栖幽事》）

琉球烹茶

琉球亦晓烹茶，设古鼎于几上，水将沸时，投茶末一匙，以汤沃之。少顷奉饮，味甚清。（《太平清话》）

事茶如美人

冯开之先生喜饮茶，而好亲其事，人或问之，答曰："此事如美人，如古法书画，岂宜落他人手!"闻者叹美之。然先生对客，谈辄不止，童子涤壶以待。会盛谈，未及着茶，时倾白水而进之，先生未尝不欣然自谓得法，客亦不敢不称善也。世号"白水先生"云。(《梅花草堂笔谈》)

煎茶

童子鼻鼾，故与茶声相宜。水沸声喧，致有松风之叹。梦眼特张，沫溅灰怒，亦是煎茶蹭蹬。舟中书。(《梅花草堂笔谈》)

品茶

古人论茶事者，无虑数十家。若鸿渐之《经》，君谟之《录》，可谓尽善。然其时法用熟碾，为丸为挺，故所称有龙凤团、小龙团、密云龙、瑞云翔龙。至宣和间，始以茶色白者为贵。漕臣郑可聋，始创为银丝冰芽，以茶剔叶取心，清泉渍之，去龙脑诸香，惟新跨小龙蜿蜒其上，称龙团胜雪，当时以为不更之法。而吾朝所尚，又不同，其烹试之法，亦与前人异。然简便异常，天趣悉备，可谓尽茶之真味矣。至于洗茶、候汤、择器，皆各有法，宁特侈言乌府、云屯、苦节、建城等目而已哉!《(长物志》)

采茶不必太细太青

浙之长兴者佳，价亦甚高，今所最重。荆溪稍下。采茶不必太细，细则芽初萌而味欠足。不必太青，青则茶已老而味欠嫩。惟成梗带叶，绿色而团厚者为上。不宜以日晒，炭火焙过扇冷，以箬叶衬罂，贮高处。盖茶最喜温燥，而忌冷湿也。(《长物志》)

洗茶

先以滚汤，候少温，洗茶，去其尘垢，以定碗盛之，俟冷点茶，则香气自发。(《长物志》)

候汤

缓火炙，活火煎。活火谓炭火之有焰者。始如鱼目为一沸，缘边泉涌为二沸，奔涛溅沫为三沸。若新火方交，水釜才炽，急取旋倾，水气未消，谓之嫩。若水逾十沸，汤已失性，谓之老。皆不能发茶香。(《长物志》)

古茶曰煮

古时之茶曰煮，曰烹，曰煎，须汤如蟹眼，茶味方中。今之茶惟用沸汤投之，稍着火即色黄而味涩，不中饮矣。乃知古今之法，亦自不同也。(《广阳杂记》)

以花点茶

花点茶之法，以锡瓶置茗，杂花其中，隔水煮之，一沸即起，令干，将此点茶，则皆作花香；梅、兰、桂、菊、莲、茉莉、玫瑰、蔷薇、木樨、橘诸花皆可。诸花开时，摘其半含半放之蕊，其香气全者，量茶叶之多少以加之，花多，则太香而分茶韵，花少，则不香而不尽其美，必三分茶叶一分花而始称也。(《清稗类钞》)

梅花点茶

梅花点茶者，梅将开时，摘半开之花，带蒂置于瓶，每重一两，用炒盐一两洒之，勿用手触，必以厚纸数重，密封之，置阴处，次年取时，先置蜜于盏，然后取花二三朵，沸水泡之，花头自开而香美。(《清稗类钞》)

莲花点茶

莲花点茶者，以日未出时之半含白莲花，拨开，放细茶一撮，纳满蕊中，以麻皮略扎，令其经宿；明晨，摘花，倾出茶叶，用建纸包茶焙干，再如前法，随意以别蕊制之，焙干收用。(《清稗类钞》)

茉莉花点茶

茉莉花点茶者，以熟水半杯候冷，铺竹纸一层，上穿数孔，日暮，采初开之茉莉花，缀于孔，上用纸封，不令泄气，明晨取花簪

之，水香可点茶。(《清稗类钞》)

玫瑰花点茶

玫瑰花点茶者，取未化之燥石灰，研碎，铺坛底，隔以两层竹纸，置花于纸，封固，俟花间湿气尽收，极燥，取出花，置之净坛，以点茶，香色绝美。(《清稗类钞》)

桂花点茶

桂花点茶，法与上同。(《清稗类钞》)

香片茶

茶叶用茉莉花拌和而窨藏之，以取芳香者，谓之香片。然《群芳谱》云：上好细茶，忌用花香，反夺真味，是香片在茶中，实非上品也。然京津闽人皆嗜饮之。(《清稗类钞》)

冯正卿论烹茶

冯正卿名可宾，益都人，明湖州司理，入国朝，隐居不士；嗜茶，曾著《岕茶笺》，其论烹茶云：先以上品泉水涤烹器，务鲜务洁，次以热水涤茶叶，水不可太滚，滚则一涤无余味矣。以竹箸夹茶，于涤器中反复涤荡，去尘土黄叶老梗，使净，以手搦干，置涤器中，盖定，少顷开视，色青香烈，急取沸水泼之。夏则先贮水，而后入茶叶，冬则先贮茶叶，而后入水。

饮茶之所宜者，一无事，二佳客，三幽坐，四吟诗，五挥翰，六徜徉，七睡起，八宿酲，九清供，十精舍，十一会心，十二赏鉴，十三文僮。

饮茶亦多禁忌，一不如法，二恶具，三主客不韵，四冠裳苛礼，五荤肴杂陈，六忙冗，七壁间案头多恶趣。(《清稗类钞》)

冯正卿嗜饮岕茶

饮岕茶者，壶以小为贵，每一客，则一壶，任其自斟自饮，方为得趣。盖壶小则香不涣散，味不耽阁。况茶中香味，不先不后，只有一时，太早则未足，太迟则已过，见得恰好，一泻而尽。化而裁之，存乎其人，施于他茶，亦无不可。此冯正卿之言也。(《清稗类钞》)

杨道士善煮茶

平湖道士杨某善煮茶，其术取片纸，以朱书符，入炉焚之，红光烂然，笔画都成烈火；比移铛，即作松风声，旋作蟹眼沸矣。客或不知者，曰勿烦再煮，则火顿熄。(《清稗类钞》)

孝钦后饮茶

宫中茗碗，以黄金为托，白玉为碗。孝钦后饮茶，喜以金银花

少许入之，甚香。(《清稗类钞》)

工夫茶

闽中盛行工夫茶，粤东亦有之，盖闽之汀、漳、泉，粤之潮，凡四府也。烹治之法，本诸陆羽《茶经》，而器具更精。炉形如截筒，高约一尺二三寸，以细白泥为之。壶出宜兴者为最佳，圆体扁腹，努嘴曲柄，大者可受半升许。所用杯盘，多为花瓷，内外写山水人物，极工致，类非近代物。炉及壶盘各一，惟杯之数，则视客之多寡。杯小而盘如满月，有以长方磁盘置一壶四杯者，且有壶小如拳，杯小如胡桃者。此外尚有瓦铛、棕垫、纸扇、竹夹，制皆朴雅，壶盘与杯旧而佳者。先将泉水贮之铛，用细炭煎至初沸，投茶于壶而冲之，盖定，复遍浇其上，然后斟而细呷之。其饷客也，客至，将啜茶，则取壶，先取凉水漂去茶叶尘滓，乃撮茶叶置之壶，注满沸水，既加盖，乃取沸水徐淋壶上，俟水将满盘，覆以巾，久之，始去巾，注茶杯中，奉客。客必衔杯玩味，若饮稍急，主人必怒其不韵也。

闽人邱子明笃嗜之。其法，先置玻璃瓮于庭，经月，辄汲新泉水满注一瓮，烹茶一壶，越宿即弃之，别汲以注第二瓮。侍僮数人，供炉火，炉以不灰木制之，架无烟坚炭于中，有发火机，以器焠之，炽矣。壶皆宜兴砂质，每茶一壶，需炉铫三。汤初沸为蟹眼，再沸为鱼眼，至联珠沸而熟。汤有功候，过生则嫩，过熟则老，必如初写《黄庭》，恰到好处。其烹茶之次第，第一铫，水熟注空壶中，荡之泼去；第二铫，水已熟，预置酌定分两之叶于壶，注水，以盖覆之，置壶于铜盘中；第三铫，水又熟，从壶顶灌其四周，茶香发矣，注茶以瓯，甚小，客至，饷一瓯，舍其涓滴而咀嚼之。若能陈说茶之出处功效，则更烹尤佳者以进。(《清稗类钞》)

茗饮时食盐姜莱菔

长沙茶肆，凡饮茶者，既入座，茶博士即以小碟置盐姜莱菔各一二片以饷客。客于茶赀之外，必别有所酬。又有以盐姜豆子、芝麻置于中者，曰芝麻豆子茶。(《清稗类钞》)

茗饮时佐以肴

镇江人之啜茶也，必佐以肴，肴即馔也，凡馔，皆可曰肴，而此特假之以为专名。肴以猪豚为之，先数日，渍以盐，使其味略咸，色白如水晶，切之成块，于茗饮时佐之，甚可口，不觉其有脂肪也。(《清稗类钞》)

干丝以佐饮

扬州人好品茶，清晨即赴茶室，枵腹而往，日将午始归就午餐。偶有一二进点心者，则茶癖犹未深也。盖扬州啜茶，例有干丝以佐饮，亦可充饥；干丝者，缕切豆腐干以为丝，煮之，加虾米于中，调以酱油、麻油也。食时，蒸以热水，得不冷。(《清稗类钞》)

水　泉

陆张品水

陆龟蒙嗜茶，置园顾渚山下，岁取租茶，自判品第。张又新为水说七种，其二慧山泉；三虎丘井；六松江。人助其好者，虽百里为致之。(《唐书·隐逸传》)

陈知新汲泉

陈知新，以朝散大夫知州事。始欧阳至滁，得醴泉于醉翁亭东南，一日谳寮佐，有献新茗者，公敕汲泉瀹之，汲者道仆覆水，伪汲他代。公穷问之，乃得泉幽谷山下，名曰丰乐，作亭其上，其好奇如此。(《滁州志》)

七宝泉

光福徐达左，构养贤楼于邓尉山中，一时名士，多集于此，云林为犹数焉。尝使童子入山担七宝泉，以前桶煎茶，后桶濯足。人

不解其意，或问之。曰："前者无触，故用煎茶；后者或为泄气所秽，故以为濯足之用耳。"（《驹阴冗记》）

活水

东坡汲江水煎茶诗云："活水还须活火烹，自临钓石取深清。大瓢贮月归春瓮，小杓分江入夜瓶。"此诗奇甚，道尽烹茶之要，且茶非活水，则不能发其鲜馥，东坡深知此理矣。余顷在富沙，尝汲溪水烹茶，色香味俱成三绝，又况其地产茶，为天下第一，宜其水异于他处，用以烹茶，水功倍之，至于浣衣，尤更洁白，则水之轻清，益可知矣。近城山间有陆羽井，水亦清甘，实好事者名之。羽著《经》言建州茶，未得详，则知羽不曾至富沙也。（《苕溪渔隐丛话》）

咮潭水

苏子由《凤咮石砚铭》云：北苑茶冠天下，岁贡龙凤团，不得凤凰山咮潭水，则不成。潭中石，苍黑坚致如玉，以为研，与笔墨宜。世初莫知也。熙宁中，太原王颐始发其妙，吾兄子瞻始名之。然石性薄，即厚者不及径寸，最后得此，长博丰硕，盖石之杰也。子瞻方为《易传》，日效于前，与有功焉；故特援笔凝神而为之铭曰："陶土涂，凿崖石。元之蠹，颖之贼。涵清泉，闷重谷。声如铜，色如铁。性滑坚，善凝墨。弃不取，长叹息。招伏羲，揖西伯。发秘藏，与有力。非相时，谁为出。"苕溪渔隐曰：予为闽中漕幕，常被檄于北苑修贡，盖熟知其地矣。造茶堂之后，凤凰山之麓，有一泉，覆以华屋；榜曰御泉，其广三四尺，深五六尺，石甃其底，止留泉眼，特一小井耳。泉之东西二十余步间，两山回抱，各有小浅涧水流出，其水皆可造茶，即无深水潴蓄，汇以为潭者，子由所言咮潭，其地初无之，又安得潭中石，苍黑坚致如玉，以为研乎？又云，岁贡龙凤团，不得凤凰山咮潭水，则不成，此言愈误也。子瞻亦云，建州凤凰山，如飞凤下舞之状，山下有石，声如铜铁，作研至美，如有肤理，此殆玉德也，疑其太滑，然至溢墨。熙宁五年，国子博士王颐始知以为研，而求名于余，余名曰凤咮。又云，仆好用凤咮石研，然议者异同，盖少得真者，皆为黯滩石所乱，尽出于逐利之所为。余以《丛话》前集，已辨凤咮研出于北苑，乃剑浦黯黮滩石。苏氏伯仲为王颐所绐，信以为然，故反以此滩之石为乱真耳。(《苕溪渔隐丛话》)

南零水

苕溪渔隐曰：张又新《煎茶水记》云，代宗朝李季卿刺湖州，至维扬，逢陆处士鸿渐。李素熟陆名，有倾盖之欢，因之赴郡，抵扬州驿，将食，李曰："陆君善于茶，盖天下闻名矣；况扬子南零水又殊绝。今者二妙千载一遇，可旷之乎？"令军士谨信者挈瓶操舟，深诣南零，陆执器以俟之。俄水至，陆以杓扬其水，曰："江则江矣，非南零者，似临岸之水。"使曰："某棹舟深入，见者累百，敢虚绐乎？"陆不言，既而倾诸盆，至半，陆遽止之，乃以杓扬之曰："自此南零者矣。"使蹶然大骇，驰下曰："某自南零赍至岸，舟荡覆半，愧其少，挹岸水增之。处士之鉴，神鉴也，其敢隐焉！"李与宾从数十人，皆大骇愕。又苏长公《惠通井记》云："《禹贡》济水入于河，溢为荥，河南曰荥阳，河北曰荥驿。沱、潜本梁州二水，亦见于荆州。水行地中，出没数千里外，虽河海不能绝也。"唐相李文饶好饮惠山泉，置驿以取水。有僧言长安昊天观井水，与惠山泉通，杂以他水十余缶，试之，僧独指其二缶曰："此惠山泉水也。"文饶为罢水驿。二事颇相类，故并录之。(《苕溪渔隐丛话》)

双井

《冷斋夜话》云：海南城东，有两井，相去咫尺而异味，号双井；井源出岩石罅中。东坡酌水，异之，曰："吾寻白龙不见，今知家此水中乎?"同游者，怪问其故，曰："白龙当为东坡出，请徐待之。"俄见其脊尾如生银蛇状，忽水浑有云气浮水面，举首如插玉箸，乃泳而去。余至二井，太守张子修，为造庵井上，号思远，亭名洄酌。岸有怪树，树枝之腋，有诗曰："岩泉未入井，蒙然冒沙石。泉嫩回为醽，石老生罅隙。异哉寸波中，露此横海脊。先生酌泉笑，泉香神龙蛰。举首玉箸插，忽去银丁掷。大身何时布，夭矫翔霹雳。谁言鹏背大，更觉宇宙窄。字画如颜书，无名衔年月。"此诗气格似东坡，而言泉嫩石老，似非东坡；又语散漫，疑学者为之也。龙如蛇形，小如玉箸。(《苕溪渔隐丛话》)

谷帘泉

余尝酌中泠，劣于惠山，殊不可解。后考之，乃知陆羽原以庐山谷帘泉为第一。山疏云："陆羽《茶经》，言瀑泻湍急者勿食。"今此水瀑泻湍急无如矣，乃以为第一，何也？又云液泉在谷帘泉侧，山多云母，泉其液也。洪纤如指，清洌甘寒，远出谷帘之上，乃不得为第一，又何也？（《太平清话》）

惠泉

独孤及《慧山新泉记》云："无锡令敬澄，字源深，考古案图，有客陆羽，多识名山大川之名，与此峰白云，相为宾主，始双垦袤丈之沼，疏为悬流，使瀑布下钟，甘流湍激。惠泉盖自唐始。"（《太平清话》）

阳和泉

禊泉出城中，水递者日至。臧获到庵借炊，索薪、索菜、索米，后索酒、索肉，无酒肉，辄挥老拳。僧苦之，无计脱此苦，乃罪泉，投之刍秽；不已，乃决沟水败泉，泉大坏。张子知之，至禊井，命长年浚之。及半，见竹管积其下，皆黧胀作气。竹尽，见刍秽，又作奇臭。张子淘洗数次，俟泉至。泉实不坏，又甘洌。张子去，僧又坏之。不旋踵，至再至三，卒不能救，禊泉竟坏矣。是时，食之而知其坏者半，食之不知其坏而仍食之者半，食之知其坏而无泉可食，不得已而仍食之者半。壬申，有称阳和岭玉带泉者，张子试之，空灵不及禊，而清洌过之。特以玉带名不雅驯，张子谓：阳和岭实为余家祖墓，诞生我文恭，遗风余烈，与山水俱长。昔孤山泉出，东坡名之“六一”，今此泉名之“阳和”，至当不易。盖生岭生泉，俱在文恭之前，不待文恭而天固已阳和之矣，夫复何疑。士人有好事者，恐玉带失其姓，遂勒石署之，且曰：“自张志禊泉，而禊泉为张氏有。今琶山是其祖垄，擅之益易，立石署之，惧其夺也。”时有传其语者，阳和泉之名益著。铭曰：“有山如砺，有泉如砥。太史遗烈，落落磊磊。孤屿溢流，六一擅之。千年巴蜀，实繁其齿。”但言眉山，自属苏氏。(《陶庵梦忆》)

中泠泉

金山中泠泉，又曰龙井，《水经》品为第一。旧尝波险中汲，汲者患之。僧于山西北下穴一井，以给游客，又不彻堂前一井，与今中泠相去又数十步，而水味迥劣。按：泠一作零，又作灑。《太平广记》：李德裕使人取金山中泠水。苏轼蔡肇，并有中泠之句。杂记云：石碑山北谓之北灑，钓者余三十丈。则中泠之外，似又有南零北灑者。《润州类集》云：江水至金山，分为三泠。今寺中亦有三井，其水味各别，疑似三泠之说也。(《偃曝谈余》)

婆娑泉

婆娑泉出思恩县，形如玉臼，洁似清冰，饮者呼之，渴尽【渴尽一本作消渴】则止。一人千人，亦复如是。(《赤雅》)

漱玉泉

漱玉泉出白石洞天，每钟鼓动，则踊跃而来，声歇随缩。三泉灵异，可与寿州咄泉，茅山喜【一本作嘉】客泉抚掌泉，无为州笑泉，并入灵品。(《赤雅》)

运水

昨曹幼安遣讯，书尾云："且运第二泉，六月后当还。"乃领报。乞水之便，无甚于此。而某不知寄坛舡上，少可十斛。其明日，奴子以泉涸告，方悔之。然俟其归可税也。朝来索报，则又忘之矣。吾每日科头起，都是啖粥想，喘喘思茶耳，而念不及泉，此何故欤？僧孺曰："为懒而忘之者性也，为念不及泉而忘之者境也。"某笑曰："愿以性。"(《梅花草堂笔谈》)

惠山泉

琼州三山庵，有泉味类惠山。苏子瞻过之，名之曰"惠通"。其说云："水行地中，出没数千里外，虽河海不能绝也。"二年前，有饷惠水者，淡恶如土，心疑之。闻之客云，有富者子，乱决上流，几害泉脉，久乃复之，味如故矣。泉力能通数千里之外，乃不相浑于咫尺之间，此惠之所以常贵也欤！李文饶置水驿以汲惠泉，而不知脉在长安昊天观下。鲜能知味，大抵然耳。今日与邹公履茹紫房陈元瑜登惠山，酌泉饮之，因话其事。顾谓桐曰："凡物行远者必不杂，岂惟水哉!"时丙午冬仲十二日，月印梁溪，风谡谡着听松上。公履再命酒数酌，颓然别去。(《梅花草堂笔谈》)

移喜泉

朱方黯宅有喜泉，每斋中惠泉竭，辄取之，其味故在季孟间。而炊者不知，悉以供盥濯。贵耳贱目，古今智愚一也。(《梅花草堂笔谈》)

山溪泉

山溪桥有新泉，味极冷澈，日可濡百十户。闻之僧孺云，雨霁且访之。(《梅花草堂笔谈》)

井竭

井竭，多作淡盐味；然犹不恶。取之咸井，直盐水矣。往时不饮井水，必惠，必宝云，必天泉，此念竟安往哉！童子提一罂给炊，意颇矜秘。某亦欣然啜之，舌端权衡，固在政作古人点茶观耳。(《梅花草堂笔谈》)

运水

有人运惠水于白下而车致之句曲者，且夸于众。明日，当会茶。车至而亡其水。主人诘之，对曰："相公故运坛耳，水何运焉！"坐客大笑，主人怒不止。然因是以水癖特闻，拙者之功不可没也。戊申四月十五日，榜人顾三能，为予买坛置水，得二十斛，喜甚，戏书所闻贻之。(《梅花草堂笔谈》)

洞山茶

王祖玉贻一时大彬壶，平平耳。而四维上下虚空，色色可人意。今日盛洞山茶，酌已，饮倩郎，问此茶何似。答曰："似时彬壶。"予輾然洗盏，更酌饮之。(《梅花草堂笔谈》)

试茶

茶性必发于水。八分之茶，遇水十分，茶亦十分矣。八分之水，试茶十分，茶只八分耳。贫人不易致茶，尤难得水。欧文忠公之故人，有馈中泠泉者，公讶曰："某故贫士，何得致此奇贶?"其人谦谢，请解所谓。公熟视所馈器，徐曰："然则水味尽矣。"盖泉冽性驶，非扃以金银，未必不破器而走，故曰，贫士不能致此奇贶也。然予闻中泠泉故在郭璞墓，墓上有石穴罅，取竹作筒，钩之乃得。郭墓故当急流间，难为力矣，况必金银器而后味不走乎，贫人之不能得水亦审矣。予性蠢拙，茶与水皆无拣择，而云然者，今日

试茶，聊为茶语耳。(《梅花草堂笔谈》)

天泉

秋水为上，梅水次之。秋水白而洌，梅水白而甘。春冬二水，春胜于冬，盖以和风甘雨故。夏月暴雨不宜，或因风雷蛟龙所致，最足伤人。雪为五谷之精，取以煎茶，最为幽况。然新者有土气，称陈乃佳。承水用布，于中庭受之，不可用檐溜。(《长物志》)

地泉

乳泉漫流，如惠山泉为最胜，次取清寒者。泉不难于清，而难于寒。土多沙腻泥凝者，必不清寒。又有香而甘者，然甘易而香难，未有香而不甘者也。瀑涌湍急者勿食，食久令人有头疾。如庐山水帘，天台瀑布，以供耳目则可，入水品则不宜。温泉下生硫黄，亦非食品。(《长物志》)

流水

江水取去人远者，扬子南泠，夹石渟渊，特入首品。河流通泉窦者，必须汲置，候其澄澈，亦可食。(《长物志》)

丹泉

名山大川，仙翁修炼之处。水中有丹，其味异，常能延年却

病。此自然之丹液，不易得也。(《长物志》)

树出水

喇麻国僧至京师，其所经塞外地，累月无泉。道旁有树，极高大，僧渴，则以佩刀劚之，辄水出如注，饮之清甘，驼马亦给。抽刃水止，树肤复合，不知其何名也。(《觚賸》)

百花潭水

百花潭有巨石三，水流其中，汲水煎茶，清冽异他水。(《陇蜀余闻》)

夹锡钱镇水

汝州之治诸井，皆以夹锡钱镇之，每井率数十千。问其故，一老兵曰："此邦饶风沙，沙入井中，人饮之则成瘿。夹锡钱所以治沙土也。"《楮记室》曰，因思惠山泉清甘于二浙者，以有锡也。余谓水与茶之性最相宜，锡瓶贮茶叶，香气不散；锡壶煎水久，则土下沈皆成咸也。(《广阳杂记》)

黄河水

子腾言，黄河之水，泥沙在上，其下乃清流也。靖逆侯张勇，令人于兰舟桥，施百尺之绳，而沉桶于底，桶上有盖，以机约之。

桶至底而机张，盖启水入，缴之而上，则机复闭其盖，浊水丝毫不混也。以之烹茶，美过金山第一泉矣。(《广阳杂记》)

中泠泉记

中泠，伯刍所谓第一泉也。昔人游金山吸中泠，胸腋皆有仙气，其知味者乎。庚辰春正月，予将有澄江之行。初四日，自真州抵润州，舟中望金山，波心一峰，突兀云表，飞阁流丹，夕阳映紫，踌躇不肯舣岸。但不知中泠一勺，清澈何所耳。次日，觅小舟，破浪登山，周石廊一匝，听涛声噌吰，激石哮吼。迤逦从石磴陟第二层，穿茶肆中数折，得见世所谓中泠者。瓦亭覆井，石龙蟠井阑，鳞甲飞动，寺僧争汲井水入肆。是日也，吴人谓钱神诞，争诣寺中为寿，摩肩连衽，不下数万人，茶坊满不纳客，凡三往，得伺便饮数瓯，细啜之，味与江水无异。予心窃疑之，默然起，履巉陟险，穷尽金山之胜。力疲小憩，仰观石上，苍苔剥蚀中，依稀数行。磨刷认之，乃知古人所品，别在郭璞墓间。其法于子午二辰，用铜瓶长绠入石窟中，寻若干尺，始得真泉。若浅深先后，少不如法，即非中泠正味，不禁爽然，汗下浃背。然亦无从得铜瓶长绠，如古人法而吸之而饮之也。郭公爪发，故在山足西南隅，洪涛巨浪中，乱石峋嶙，森森若奇鬼异兽，去金山数武，而徘徊踯躅，空复望洋，盖杳乎不可即矣。日暮归舟，怊怏若有所失，自恨不逮古人。佛印谈禅，坡公解带，尔时酒瓮茶铛，皆挟中泠香气，奈何不获亲见之也！越数日，舟自澄江还，同舟憨道人者，有物藏破衲中，琅琅有声。索视之，则水葫芦也，朱中黄外，径五寸许，高不盈尺，傍三耳，铜纽连环，亘丈余，三分入环，耳中一缕，勾盖上铜圈，上下随绠机转动，铜丸一枚，系葫芦傍，其一绾盖上。怪问之，秘不告人，良久，谓余曰："能从我乎？愿分中泠一斛。"予跃然起，拱手敬谢。遂别诸子，从道人上夜行船，两日抵润州，则谯鼓鸣矣。是夕，上元节，雨后，迟月出不见。然天光初霁，不甚晦冥，鼓三下，小舟直向郭墓。石峻水怒，舟不得泊，携手彳亍，蹑江心石，五六步，石窍洞洞然。道人曰："此中泠泉窟也！"取葫芦沉石窟中，铜丸傍镇，葫芦横侧。下约丈许，道人发绠上机，则铜丸中镇，葫芦仰盛。又发第二机，则盖下覆之，笋阖若胶漆不可解，乃徐徐收铜绠。启视之，水盎然满。亟旋舟就岸，烹以瓦铛。须臾沸起，就道人瘿瓢微吸之，但觉清香一片，从齿颊间沁人心胃，二三盏后，则薰风满两腋，顿觉尘襟涤净。乃喟然曰："水哉水哉！古人诚不我欺也！嗟乎，天地之灵秀，有所聚，必有所藏。乃至拔而为山，穴而为泉，山不徒山，而峙于江心；泉不徒泉，而巽乎江水。层叠之下，而顾令屠狗卖浆，菜佣伧父，皆得领兹山，味兹泉，则人人皆有仙气矣。今古以来，真才埋没，赝鼎争传，独中泠泉也乎哉！"次日辰刻，道人别去，予亦发棹渡江。而邻舟一贵介，方狐裘箕踞，命俊童敲火，煮井上中泠未熟也。道人姓张，其先盖闽人云。

张山来曰：吾乡赵桓夫先生，谓金山江心水与郭璞墓无异。因以两巨舟相并，中离二尺许，以大木横绁其上，中亦空二尺许，如井状。以有盖锡罂一，上系大长绳，别一小长绳系其盖，绳之长凡若干丈，缒于井。绳尽，先曳小绳起其盖，而水已满罂，徐曳大绳，则所汲皆江心水矣。想以郭璞墓不得其汲之之法耳。若遇此道人，效其制，当更佳也。(《虞初新志》)

玉泉雪水

高宗纯皇帝巡跸所至，制银斗，命内侍精量泉水。京师玉泉山之水，斗至一两；塞上伊逊之水亦如之。其余诸水，济南珍珠，重逾二厘；扬子江金山下中泠，重逾三厘；惠山虎跑，各重逾四厘；平山重逾六厘；清凉山、白沙、虎丘，及西山之碧云寺，各重逾一分。遂定玉泉为第一，作《玉泉山天下第一泉记》。又量雪水，较玉泉轻三厘，遇佳雪，必收取，以松实、梅英、佛手烹茶，谓之三清。尝于重华宫集廷臣及内庭翰林等，联句赋《三清茶诗》，天章昭焕，洵为升平韵事。(《冷庐杂识》)

品泉

唐宋以还，古人多讲求茗饮，一切汤火之候，瓶盏之细，无不考索周详，著之为书。然所谓龙团凤饼，皆须碾碎，方可入饮，非惟烦碎弗便，即茶之真味，恐亦无存。其直取茗芽，投以瀹水即饮者，不知始自何时。沈德符《野获编》云："国初，四方供茶，以建宁阳羡为上。时犹存宋制，所进者俱碾而揉之，为大小龙团。至洪武二十四年九月，上以重劳民力，罢造龙团，惟采茶芽以进。其品有四：曰采春，曰先春，曰次春，曰紫笋。置茶户五百，充其徭役。”乃知今法，实自明祖创之，真可令陆鸿渐、蔡君谟心服。忆余尝再游武夷，在各山顶寺观中，取上品者，以岩中瀑水烹之，其芳甘百倍于常时，固由茶佳，亦由泉胜也。按品泉始于陆鸿渐然不及我朝之精。记在京师，恭读纯庙御制《玉泉山天下第一泉记》云：“尝制银斗较之，京师玉泉之水，斗重一两；塞上伊逊之水，亦斗重一两；济南珍珠泉，斗重一两二厘；扬子金山泉，斗重一两三厘；则较玉泉重二厘三厘矣。至惠山虎跑，则各重玉泉四厘，平山重六厘，清凉山，白沙，虎丘，及西山之碧云寺，各重玉泉一分。”然则更无轻于玉泉者乎？曰，有，乃雪水也。常收积素而烹之，较玉泉斗轻三厘。雪水不可恒得，则凡出山下而有冽者，诚无过京师之玉泉，故定为天下第一泉。(《归田琐记》)

以水洗水

世以镇江城西北石山簰东之中泠泉水为通国第一，然高宗尝制一银斗以品通国之水，则以质之轻重分水之上下，乃遂定京师海淀镇西之玉泉为第一，而中泠次之，无锡之惠泉、杭州之虎跑又次之。此外惟雪水最轻，可与玉泉并，然自空下，非地出，故不入品。鸾辂时巡，每载玉泉水以供御，然或经时稍久，舟车颠簸，色味或不免有变，可以他处泉水洗之，一洗则色如故焉；其法，以大器储水，刻分寸，入他水搅之，搅定，则污浊皆沉淀于下，而上面

之水清澈矣；盖他水质重，则下沉；玉泉体轻，故上浮；挹而盛之，不差锱铢，古人淄渑之辩，良有以也。(《清稗类钞》)

京师饮水

京师井水多苦，茗具三日不拭，则满积水碱。然井亦有佳者，安定门外较多，而以在极西北者为最，其地名上龙。又若姚家井，及东长安门内井，与东厂胡同西口外井，皆不苦而甜。凡有井之所，谓之水屋子，每日以车载之送人家，曰送甜水，以为所饮。若大内饮料，则专取之玉泉山也。(《清稗类钞》)

王文简以第二泉饷友

王文简自淮上还扬州，青帘画舫，乘风南下，与汪某相值于秦邮湖，遥语曰，有事欲附致家博士。及遣信至，乃寄舫中所有第二泉四罂而已。某以道远稍难之；文简攒眉曰，汪大乃成俗吏。(《清稗类钞》)

金山寺第一泉

仁和章次白广文坤尝登金山寺，试第一泉，而怀许脩，因此诗云：“冲寒独倚江天阁，瀹茗来评第一泉。忽忆诗人许丁卯，香浮绿雪竹炉边。”(《清稗类钞》)

陈香泉饮香泉

海宁陈香泉太守奕禧，令深泽时，饮泉甘之，作亭其上，署曰“香泉”，因以自号。(《清稗类钞》)

烹茶须先验水

欲烹茶，须先验水，可贮水于杯，以酒精溶解肥皂，滴三四点，如为纯粹之水，则澄清如故，倘含有杂物，必生白泡。又法，贮水于杯，加硼砂少许，水恶则浊，水良则清。

若无良水，亦可化恶为良，如井水之有咸味者，或溷浊之水，既煮沸，置数小时，污物悉沉于底，再取其上之澄清者，煮沸数次，遂成良水。

烹时须活火，活火者，有焰之炭火也；既沸，以冷水点住，再沸再点，如此三次，色味俱进。(清稗类钞)

松柴活火煎虎跑

浙藩某秩满将入都，受肃王善耆之嘱，令辇致杭州虎跑泉水百瓮为煎茶之用。某病其琐，意且谓肃亦耳食耳，至沪，乃市西人之滤水器，载以往，至京，即取都中水滤之以进。肃诇其赝，会某入谒，语之曰：“吾果得真虎跑水，当以松柴活火煎之矣。”(清稗类钞)

地　域

甘露堂茶

伪闽甘露堂前两株茶，郁茂婆娑，宫人呼为清人树。每春初，嫔嫱戏摘新芽，堂中设倾筐会。(《清异录》)

武陵茶

武陵七县通出茶，最好。(《荆州土地记》)

蒙山茶

名山县出茶，有山曰蒙山，联延数十里，在县西南。按《拾遗志》:《尚书》所谓蔡蒙旅平者，蒙山也，在雅州，凡蜀茶尽出此。(《云南记》)

丹丘大茗

丹丘出大茗，服之生羽翼。(《天台记》)

占城国

占城国地不产茶，亦不知酝酿之法。(《宋史·占城国传》)

阇婆国

阇婆国地不产茶。(《宋史·阇婆国传》)

建茶

古人论茶，唯言阳羡、顾渚、天柱、蒙顶之类，都未言建溪。然唐人重串茶粘黑者，则已近乎建饼矣。建茶皆乔木，吴蜀淮南，唯丛茇而已，品自居下。建茶胜处，曰郝源曾坑，其间又岔根山顶，二品尤胜，李氏时号为北苑，置使领之。(《梦溪笔谈》)

北苑茶

建茶之美者，号北苑茶，今建州凤凰山，土人相传谓之北苑。言江南尝置官领之，谓之北苑使。予因读李后主文集有北苑诗及文记，知北苑乃江南禁苑，在金陵，非建安也。江南北苑使，正如今之内园使，李氏时有北苑使，善制茶，人竞贵之，谓之北苑茶。如今茶器中，有学士瓯之类，皆因人得名，非地名也。丁晋公谓《北苑茶录》云:“北苑，里名也。”今曰龙焙，又云苑者，天子园圃之名，此在列郡之东隅，缘何却名北苑，丁亦自疑之。盖不知北苑茶，本非地名，始因误传，自晋公实之于书，至今遂谓之北苑。(《补梦溪笔谈》)

白鹤茶

灉湖诸山旧出茶，谓之灉湖茶。李肇所谓岳州灉湖之含膏也。唐人极重之，见于篇什。今人不甚种植，惟白鹤僧园，有千余本，土地颇类北苑，所出茶，一岁不过一二十两。土人谓之白鹤茶，味极甘香，非他处草茶可比并。茶园地色亦相类，但土人不甚植尔。(《岳阳风土记》)

曾坑

北苑茶正所产，为曾坑，谓之正焙，非曾坑为沙溪，谓之外焙。二地相去不远，而茶种悬绝。沙溪色白过于曾坑，但味短而微涩，识茶者一啜，如别泾渭也。余始疑地气土宜，不应顿异如此。及来山中，每开辟径路，刳治岩窦，有寻丈之间，土色各殊，肥瘠紧缓燥润，亦从而不同，并植两木于数步之间，封培灌溉略等，而生死丰瘁如二物者，然后知事不经见，不可必信也。草茶极品，惟双井顾渚，亦不过各有数亩。双井在分宁县，其地属黄氏鲁直家也。元祐间，鲁直力推赏于京师，族人交致之，然岁仅得一二斤尔。顾渚在长兴县，所谓吉祥寺也，其半为今刘侍郎希范家所有。两地所产，岁亦止五六斤。近岁寺僧求之者多，不暇精择，不及刘氏远甚。余岁求于刘氏，过半斤则不复佳。盖茶味虽均，其精者在嫩芽，取其初萌如雀舌者，谓之枪，稍敷而为叶者，谓之旗，旗非所贵，

不得已取一枪一旗犹可，过是则老矣，此所以为难得也。(《避暑录话》)

木女观

木女观望州等山，茶茗出焉。(《夷陵图经》)

义兴茶

唐茶惟湖州紫笋入贡。每岁以清明日，贡到先荐宗庙，然后分赐近臣。紫笋生顾渚，在湖常二境之间。当采茶时，两郡守毕至，最为盛集，此蔡宽夫诗话之言也。蔡但知其一，而不知其二。按陆羽《茶经》云："浙西以湖州上，常州次。湖州生长兴县顾渚山中，常州生义兴县君山悬脚岭北峰下。"唐义兴县《重修茶舍记》云："义兴贡茶，非旧也，前此故御史大夫李栖筠实典是邦。山僧有献佳茗者，会客尝之，野人陆羽以为芬香甘辣，冠于他境，可荐于上，栖筠从之，始进万两，此其滥觞也。厥后因之，征献浸广，遂为任土之贡，与常赋之邦侔矣。"(《苕溪渔隐丛话》)

产茶地

东川之兽目，绵州之松岭，雅州之露芽，南康之云雀，饶池之仙芝，霍山之黄芽，蕲门之团黄，临江之玉津，蜀州之雀舌、鸟嘴，潭州之独行灵草，彭州之仙崖石花，袁州之金片绿英，建安之

青凤髓，岳州之黄翎毛，岳阳之含膏冷，剑南之绿昌明，此皆唐宋时之产茶地及名也。(《茶谱通考》)

宝唐山

玉垒关外宝唐山，有茶树产于悬崖，笋长三寸五寸，方有一叶二叶。(《茶谱通考》)

鹤岭茶

龙州鹤岭茶，妙极。(《茶谱通考》)

凤凰山茶

苕溪渔隐曰：东坡《凤咮古研铭》云："帝规武夷作茶囿，山为孤凤翔且嗅。下集芝田啄琼玖，玉乳金沙散虚窦。残璋断璧泽而黝，治为书研美无有。至珍惊世初莫售，黑眉黄眼争研陋。苏子一见名凤咮，坐令龙尾羞牛后。"余至富沙，按其地里：武夷在富沙之西，隶崇安县，去城二百余里。北苑在富沙之北，隶建安县，去城二十五里。北苑乃龙焙，每岁造贡茶之处，即与武夷相去远甚，其言"帝规武夷作茶囿"者，非也；想当时传闻不审，又以武夷山为凤凰山，故有"山为孤凤翔且嗅"之句，其实北苑茶山，乃名凤凰山也。北苑土色膏腴，山宜植茶，石殊少，亦顽燥非研材。余屡至北苑，询之土人，初未尝以此石为研，方悟东坡为人所诳耳。若剑浦黯淡，有一种石，黑眉黄眼，自昔人以为研。余意凤咮研，必此滩之石，然亦与武夷相去远矣。又《荔枝叹》云：“君不见武夷溪边粟粒芽，前丁后蔡相笼加。”亦误指其地。武夷未尝有茶，茶之精绝者，乃在北苑，自有一溪，南流至富沙城下，方与西来武夷溪水合流，东去剑浦，固亦不可雷同言之。（《苕溪渔隐丛话》）

蜀茶至建茶

蔡宽夫《诗话》云：唐以前茶，惟贵蜀中所产，孙楚歌云“茶出巴蜀”；张孟阳登成都楼诗云“芳茶冠六情，溢味播九区”，他处未见称者。唐茶品虽多，亦以蜀茶为重；然惟湖州紫笋入贡，每岁以清明日贡到，先荐宗庙，然后分赐近臣。紫笋生顾渚，在湖常二境之间，当采茶时，两郡守毕至，最为盛会。杜牧诗所谓“溪尽停蛮棹，旗张卓翠苔。柳村穿窈窕，松涧渡喧豗”，刘禹锡“何处人间似仙境，青山携妓采茶时”，皆以此。建茶绝亡贵者，仅得挂一名尔。至江南李氏时，渐见贵，始有团圈之制，而造作之精，经丁晋公始大备。自建茶出，天下所产，皆不复可数。今出处壑源沙溪，土地相去丈尺之间，品味已不同，谓之外焙，况他处乎。则知虽草木之微，其显晦亦自有时。然唐自常衮以前，闽中未有读书者，自衮教之，而欧阳詹之徒始出，而终唐世亦不甚盛。今闽中举子，常数倍天下，而朝廷将相公卿，每居十四五，人物尚尔，况草木微物也。顾渚涌金泉，每造茶时，太守先祭拜，然后水渐出，造贡茶毕，水稍减，至贡堂茶毕，已减半，太守茶毕，遂涸。盖常时无水也。或闻今龙焙泉亦然。苕溪渔隐曰：北苑官焙也，漕司岁以入贡，茶为上；壑源，私焙也，土人亦入贡，茶为次。二焙相去三四里间。若沙溪外焙也，与二焙相去绝远，自隔一溪，茶为下。山谷诗云“莫遣沙溪来乱真”，正谓此也。官焙造茶，常在惊蛰后一二日，兴工采摘，是时茶芽，已皆一枪，盖闽中地暖如此。旧读欧公诗，有喊山之说，亦传闻之讹耳。龙焙泉即御泉也，水之增减，亦随水旱，初无渐出遂涸之异，但泉味极甘，正宜造茶耳。(《苕溪渔隐丛话》)

蒙顶茶

《东斋记事》云：蜀中数处产茶，雅州蒙顶最佳，其生最晚，在春夏之交，其地即书所谓“蔡蒙旅平”者也。方茶之生，云雾覆其上，若有神物护持之。(《苕溪渔隐丛话》)

琅琊山茶

琅琊山出茶，类桑叶而小，山僧焙而藏之，其味甚清。(《太平清话》)

郑宅茶

闽中兴化府城外，郑氏宅，有茶二株，香美甲天下，虽武夷岩茶不及也。所产无几，邻近有茶十八株，味亦美，合二十株。有司先时使人谨伺之，烘焙如法，借其数以充贡。间有烘焙不中选者，以饷大僚。然亦无几。此外十余里内所产，皆冒郑宅，非其真也。庚戌使闽中，晤汀镇吕公，啜此茶，香美不可以名似，询之云尔。(《遁斋偶笔》)

息肩亭烹茶

陇山在水洛城西北，乃水洛川及犊奴水所从出。又明祝祥建息肩亭，尝作《象赞》云："道其人谓谁，乃陇千城之旧吏，息肩亭之主人，而鹤臞其别号。"余陇千诗："我欲西寻犊奴水，烹茶一上息肩亭。"(《偶忆录》)

武夷诸峰

武夷诸峰，皆拔立不相摄，多产茶。接笋峰上，大黄次之，幔亭又次之。而接笋茶绝少，不易得。按陆羽《经》云："凡茶上者生烂石，中者生栎壤，下者生黄土。"夫烂石已上矣，况其峰之最高最特出者乎！大黄峰下削上锐，中周广盘郁，诸峰无与并者；然犹有土滓。接笋突兀直上，绝不受滓，水石相蒸，而茶生焉，宜其清远高洁，称茶中第一乎。吾闻其语，鲜能知味也。《经》又云："岭南生福州、建州、韶州、象州云。"注：福州生闽方山，建、韶、象未详。往往得之，其味极佳。岂方山即今武夷山耶。世之推茗社者，必首桑苎翁，岂欺我哉！(《梅花草堂笔谈》)

虎丘天池

虎丘天池，最号精绝，为天下冠，惜不多产。又为官司所据，寂寞山家，得一壶两壶，便为奇品。然其味实亚于岕。天池出龙池一带者佳，出南山一带者最早，微带草气。(《长物志》)

龙井天目

山中早寒，冬来多雪，故茶之萌芽较晚，采焙得法，亦可与天池并。(《长物志》)

清源山　英山茶

清源山茶，青翠芳馨，超轶天池之上。南安县英山茶，精者可亚虎丘，惜所产不若清源之多也。闽地气暖，桃李冬花，故茶较吴中差早。(《泉南杂志》)

闽茶

武彝、芀崱、紫帽、笼山，皆产茶，僧拙于焙，既采，则先蒸而后焙，故色多紫赤，只堪供宫中浣濯用耳。近有以松萝法制之者，即试之，色香亦具足，经旬月，则紫赤如故，盖制茶者不过土著数僧耳。语三吴之法，转辗相效，旧态毕露。此须如昔人论琵琶法，使数年不近，尽忘其故调，而后以三吴之法行之，或有当也。

建州贡茶，自宋蔡忠惠始，小龙团亦创于忠惠，时有士人亦为此之诮。

龙焙泉在城东凤凰山，一名御泉，宋时取此水造茶入贡。

北苑亦在郡城东。先是，建州贡茶，首称北苑龙团，而彝石乳之名未著。至元设武场于武彝，遂与北苑并称。今则但知有武彝，不知有北苑矣。吴越间人，颇不足闽茶，而甚艳北苑之名，不知北苑实在闽也。

御园茶在武彝第四曲，喊山台、通仙井，俱在园畔。前朝著令，每岁惊蛰日，有司为之致祭，祭毕，鸣金击鼓，台上扬声同喊曰："茶发芽！"井水既满，用以制茶上供，凡九百九十斤，制毕，水遂浑浊而缩。

武彝产茶甚多，黄冠既获茶利，遂遍种之，一时松栝、樵苏殆尽。及其后，崇安令例致诸贵人，所取不赀。黄冠苦于追呼，尽斫所种武彝真茶，九曲遂濯濯矣。

歙人闵汶水，居桃叶渡上，予往品茶其家，见其水火皆自任，以小酒盏酌客，颇极烹饮态，正如德山担青龙钞，高自矜许而已，不足异也。秣陵好事者，尝诮闽无茶，谓闽客得闽茶，咸制为罗囊，佩而嗅之，以代旃檀，实则闽不重汶水也。闽客游秣陵者，宋比玉、洪仲章辈，类依附吴儿，强作解事，贱家鸡而贵野鹜，宜为其所诮欤。三山薛老，亦诋訾汶水也。薛尝言，汶水假他味逼作兰香，究使茶之真味尽失。汶水而在，闻此亦当色沮。薛尝住为崱，自为剪焙，遂欲驾汶水上。余谓茶难以香名，况以兰香定茶，乃咫尺见也，颇以薛老论为善。

前朝不贵闽茶，即贡者亦只备宫中浣濯瓯盏之需。贡使类以价货京师所有者纳之，间有采办，皆剑津廖地产，非武彝也。黄冠每市山下茶，登山贸之。

闽人以粗瓷胆瓶贮茶，近鼓山、支提新茗出，一时学新安制，为方圆锡具，遂觉神采奕奕。

太姥山茶，名绿雪芽。

闽酒数郡如一，茶亦类是。今年予得茶甚伙，学坡公义酒事，尽合为一。然与未合无异也。

蔡忠惠《茶录》石刻，在瓯宁邑庠壁间。予五年前，拓数纸，寄所知，今漫漶不如前。延邵呼制茶人为“碧竖”，富沙陷后，碧竖尽在绿林中矣。

崇安殷令招黄山僧，以松萝法制建茶，堪并驾。今年余分得数两，甚珍重之，时有武彝松萝之目。

鼓山半岩茶，色香风味，当为闽中第一，不让虎丘龙井也。雨前者每两仅十钱，其价廉甚。一云前朝每岁进贡，至杨文敏当国，始奏罢之。然近来官取，其扰甚于进贡矣。(《闽小记》)

蒙阴茶

昔人谓:“扬子江心水，蒙山顶上茶。”蒙山在蜀雅州，其中峰顶尤极险秽，蛇虺虎狼所居，得采其茶，可蠲百疾。今山东人以蒙阴山下石衣为茶当之，非矣。然蒙阴茶性亦凉，可除胃热之病。(《广阳杂记》)

上清峰茶

蒙山在名山县西十五里，有五峰，最高者曰上清峰。其巅一石，大如数间屋，有茶七株生石上，无缝罅，云是甘露大师手植。每茶时叶生，智炬寺僧报有司往视，籍记叶之多少，采制才得数钱许。明时贡京师，仅一钱有奇。环石别有数十株，曰“陪茶”，则供藩府诸司而已。其旁有泉，恒用石覆之，味清妙，在惠泉之上。（《陇蜀余闻》）

馆　室

茶寮

大中三年，东都进一僧，年一百三十岁。宣宗问服何药而致，僧对曰："臣少也贱，素不知药性，惟嗜茶，凡履处惟茶是求，或过百碗，不以为厌。"因赐名茶五十斤，命居保寿寺，名饮茶所曰茶寮。(《旧唐书·宣宗纪》)

露兄

崇祯癸酉，有好事者，开茶馆。泉实玉带，茶实兰雪。汤以旋煮，无老汤，器以时涤，无秽器。其火候汤候，亦时有天合之者。余喜之，名其馆曰"露兄"，取米颠"茶甘露有兄"句也。为之作《斗茶檄》曰："水淫茶癖，爰有古风；瑞草雪芽，素称越齿。特以烹者非法，向来葛灶生尘；更兼赏鉴无人，致使羽《经》积蠹。迩者，择有胜地，复举汤盟。水符递自玉泉，茗战争来兰雪。瓜子炒豆，何须瑞草桥边；橘柚查梨，出自仲山圃内。八功德水，无过甘滑香洁清凉；七家常事，不管柴米油盐酱醋。一日何可少此，子猷竹庶可齐名；七碗吃不得了，卢仝茶不算知味。一壶挥麈，用畅清谈；半榻焚香，共期白醉。”（《陶庵梦忆》）

茶肆品茶

茶肆所售之茶，有红茶、绿茶两大别。红者曰乌龙，曰寿眉，曰红梅；绿者曰雨前，曰明前，曰本山。有盛以壶者，有盛以碗者，有坐而饮者。有卧而啜者。怀献侯尝曰，吾人劳心劳力，终日勤苦，偶于暇日一至茶肆，与二三知己瀹茗深谈，固无不可。乃竟有日夕流连，乐而忘返，不以废时失业为可惜者，诚可慨也。

京师茶馆，列长案，茶叶与水之资，须分计之；有提壶以往者，可自备茶叶，出钱买水而已。汉人少涉足，八旗人士，虽官至三四品，亦厕身其间，并提鸟笼，曳长裾，就广坐，作茗憩，与圉人走卒杂坐谈话，不以为忤也；然亦绝无权要中人之踪迹。

乾隆末叶，江宁始有茶肆，鸿福园、春和园，皆在文星阁东首，各据一河之胜。日色亭午，座客常满，或凭阑而观水，或促膝以品泉，皋兰之水烟，霞漳之旱烟，以次而至。茶叶则自云雾、龙井，下逮珠兰、梅片、毛尖，随客所欲，亦间佐以酱干、生瓜子小果碟，酥烧饼、春卷、水晶糕花、猪肉烧卖、饺儿、糖油馒首。叟叟浮浮，咄嗟立办，但得囊中能有，直亦莫漫愁酤也。

上海之茶馆，始于同治初，三茅阁桥沿河之丽水台，其屋前临洋泾浜，杰阁三层，楼宇轩敞。南京路有一洞天，与之相若。其后有江海朝宗等数家，益华丽，且可就吸鸦片。福州路之青莲阁，亦数十年矣，初会华众会。光绪丙子，粤人于广东路之棋盘街北，设同芳茶居，兼卖茶食糖果，侵晨且有鱼生粥，晌午则有蒸熟粉面，各色点心；夜则有莲子羹、杏仁酪。每日未申之时，妓女联袂而至。未几，而又有怡珍茶居接踵而起，望衡对宇，兼售烟酒。更有东洋茶社，初仅三盛楼一家，设于白大桥北，当垆煮茗者为妙龄女郎，取资银币一二角，其后公共、法两租界，无地不有，旋为驻沪领事所禁。

青莲阁茶肆，每值日晡，则茶客麇集，座为之满，路为之塞。非品茗也，品雉也。雉为流妓之称，俗呼曰野鸡，四方过客，争至此，以得观野鸡为快。

茶馆之外，粤人有于杂物肆中，兼售茶者，不设座，过客立而饮之，最多者为王大吉凉茶，次之曰正气茅根水，曰罗浮山云雾茶，曰八宝清润凉茶，又有所谓菊花八宝清润凉茶者，则中有杭菊花、大生地、土桑白、广陈皮、黑元参、干葛粉、小京柿、桂元肉八味，大半为药材也。

苏州妇女好入茶肆饮茶，同光间，谭叙初中丞为苏藩司时，禁民家婢及女仆饮茶肆，然相沿已久，不能禁。谭一日出门，有女郎娉婷而前，将入茶肆，问为谁，以实对。谭怒曰："我已禁矣，何得复犯！"令去履归，曰："汝履行如此速，去履，必更速也。"自是无敢犯禁者。(《清稗类钞》)

官　政

庾敬休

敬休以户部侍即兼鲁王傅。初，剑南西川山南道，岁征茶，户部自遣巡院主之，募贾人入钱京师。太和初，崔元略奏责本道主，当岁以四万缗上度支。久之，逗留多不至，敬休始请置院秭归，收度支钱，乃无逋没。（《唐书·庾敬休传》）

何易于

何易于为益昌令，盐铁官榷取茶利，诏下，所在毋敢隐。易于视诏书曰："益昌人不征茶，且不可活，矧厚赋毒之乎！"命吏阁诏，吏曰："天子诏何敢拒，吏坐死，公得免窜邪！"对曰："吾敢爱一身，移暴于民乎！亦不使罪尔曹。"即自焚之。观察使素贤之，不劾也。（《唐书·循吏传》）

刘建锋

建锋为武安军节度使，建锋死，将吏推马殷为留后，其属高郁教殷，民得自摘山收茗，筭募高户，置邸阁居茗，号八床主人，岁入筭数十万，用度遂饶。(《唐书·刘建锋传》)

刘仁恭

刘仁恭，为卢龙军节度使，禁南方茶，自撷山为茶，号山曰大恩，以邀利。(《唐书·藩镇传》)

马殷

马殷初兵力尚寡，与杨行密成汭刘龚等为敌国。殷患之，问策于其将高郁。郁曰:“成汭地狭兵寡，不足为吾患；而刘龚志在五管而已。杨行密孙儒之仇，虽以万金交之，不能得其欢心，然尊王仗顺，霸者之业也。今宜内奉朝廷，以求封爵，而外夸邻敌，然后退修兵农，畜力而有待尔。”于是，殷始修贡京师，然岁贡不过所产茶茗而已，乃自京师至襄唐郢复等州，置邸务以卖茶，其利十倍。郁又讽殷铸铅铁以十当铜钱一，又令民自造茶，以通商旅，而收其筭。岁入万计，由是地大力完。(《五代史·楚世家》)

毋守素

守素，河中龙门人，父昭裔，伪蜀宰相。守素弱冠起家，伪授秘书郎，累迁户部员外郎知制诰。蜀亡，入朝，授工部侍郎，籍其蜀中庄产茶园以献，诏赐钱三百万，以充其直，仍赐第于京城。（《宋史·毋守素传》）

给役夫茶

开宝五年正月，澶州修河，卒赐以钱鞋，役夫给以茶。（《宋史·河渠志》）

樊知古

知古授江南转运使。先是，江南诸州官，市茶十分之八；复征其余分，然后给符，听其所往，商人苦之；知古请蠲其税，仍差增所市之直，以便于民。（《宋史·樊知古传》）

李虚己

虚己，累迁殿中丞，提举淮南茶场，召知荣州。未行，改遂州。（《宋史·李虚己传》）

刘蟠

刘蟠，迁左谏议大夫卒。尝受诏巡茶淮南，部民私贩者众，蟠乘羸马，伪称商人，抵民家求市茶，民家不疑，出与之，即擒置于法。（《宋史·刘蟠传》）

张忠定

忠定张尚书曾令鄂州崇阳县。崇阳多旷土，民不务耕织，唯以植茶为业。忠定令民伐去茶园，诱之使种桑，自此茶园渐少，而桑麻特盛于岳鄂之间。至嘉祐中，改茶法，湖湘之民苦于茶租，独崇阳茶租最少，民监他邑，思公之惠，立庙以报之。民有入市买菜者，公召谕之曰："邑居之民，无地种植，且有他业，买菜可也；汝村民皆有土田，何不自种，而费钱买菜？"笞而遣之，自后人家置圃，至今谓芦菔为"张知县菜"。(《补笔谈》)

陈晋公

陈晋公为三司使，将立茶法，召茶商数十人，俾各条利害。晋公阅之，为第三等，语副使宋太初曰："吾观上等之说，取利太深，此可行于商贾，而不可行于朝廷；下等固灭裂无取，唯中等之说，公私皆济，吾裁损之，可以经久。"于是为三等税法。行之数年，货财流通，公用足而民富实，世言三司使之才，以陈公为称首。后李侍郎谘为使，改其法，而茶利浸失；后虽屡变，然非复晋公之旧法也。(《东轩笔录》)

何蒙

何蒙通判庐州，巡抚使潘慎修荐其材敏，驿召至京，因面对，访以江淮茶法，蒙条奏利害称旨，赐绯鱼及钱十万。(《宋史·何蒙传〉)

若谷

李若谷知宜兴县。官市湖洑茶，岁约户税为多少，率取足贫下。若谷始置籍，备勾检。茶恶者旧没官，若谷使归之民，许转贸以偿其数。(《宋史·李若谷传》)

索湘

索湘，为河北转运使。先是边州置榷场，与蕃夷互市，而自京辇物货以充之，其中茶茗最为烦扰，复道远多损败。湘建议，请许商贾缘江载茶，诣边郡入中，既免道途之耗，复有征筭之益。(《宋史·索湘传》)

李溥

李溥，领顺州刺史，迁奖州团练使。溥自言江淮岁入茶，视旧额增五百七十余万斤，会溥当代，诏留再任，特迁宫苑使。初，谯县尉陈齐，论榷茶法，溥荐齐任京官，御史中丞王嗣宗，方判吏都，铨言齐豪民子，不可用。真宗以问执政冯拯，对曰:“若用有材，岂限贫富?”帝曰:“卿言是也。”因称溥畏慎小心，言事未尝不中利害，以故任之益不疑。(《宋史·李溥传》)

姚仲孙

姚仲孙，知建昌县。初，建昌运茶抵南康，或露积于道间，为霖潦所败，主吏至破产不能偿。仲孙为券吏民输山木，即高阜为

仓，邑人利之。(《宋史·姚仲孙传》)

王鬷

王鬷为三司盐铁副使，时龙图阁学士马季良方用事，建言京师贾人，常以贱价居茶盐交引，请官置务，收市之。季良挟章献姻家，众莫敢迕其意，鬷独不可，曰:“与民竞利，岂国体耶?”擢天章阁待制。(《宋史·王鬷传》)

方偕

方偕知建安县，县产茶，每岁先社日，调民数千，鼓噪山旁，以达阳气。偕以为害农，奏罢之。(《宋史·方偕传》)

李允则

李允则，累迁供备库副使，知潭州。初马氏暴敛，州人出绢，谓之地税；潘美定湖南，计屋输绢，谓之屋税；营田户给牛，岁输米四斛，牛死犹输，谓之枯骨税；民输茶，初以九斤为一大斤，后益至三十五斤。允则清除三税，茶以十三斤半为定制，民皆便之。(《宋史·李允则传》)

李溥

李溥，为江淮发运使。每岁奏计，则以大船载东南美货，结纳当途，莫知纪极。章献太后垂帘时，溥因奏事盛称浙茶之美，云：“自来进御，唯建州饼茶；而浙茶未尝修贡，本司以羡余钱，买到数千斤，乞进入内。”自国门挽船而入，称进奉茶纲，有司不敢问；所贡余者，悉入私室。溥晚年以贿败，窜谪海州，然自此遂为发运司岁例，每发运使入奏，舳舻蔽川，自泗州七日至京。予出使淮南时，见有重载入汴者，求得其籍，言两浙笺纸三暖船，他物称是。（《梦溪笔谈》）

韩忆

韩忆判大理寺丞，三司更茶法，岁课不登。忆承诏劾之，由丞相而下，皆坐失当之罚，其不挠如此。（《宋史·韩忆传》）

李师中

李师中举进士，鄜延庞籍辟知洛川县。民负官茶直十万缗，追系其众，师中为脱桎梏，语之曰：“公钱无不偿之理，宽与汝期，可乎？”皆感泣听命，乃令乡置一匮，籍其名，许日输所负一钱以上，辄投之，书簿而去。比终岁，逋者尽足。（《宋史·李师中传》）

尹师鲁

尹师鲁为帅，与刘沪、董士廉辈议水逻城事，既矛盾，朝旨召尹至阙，送中书，给纸札供枅昭文。吕申公因聚厅啜茶，令堂吏直一瓯，投尹曰:“传话龙图，不欲攀请，只令送茶去。”时集相幸师鲁之议将屈，笑谓诸公曰:“尹龙图莫道建茶，磨去磨来，浆水亦咽不下。”师鲁之幄，去政堂切近，闻之掷笔于案，厉声曰:“是何委巷猥语，辄入庙堂，真治世之不幸也。”集相愧而衔之，后致身于祸辱，根于此也。(《湘山野录》)

孙长卿

长卿历开封盐铁判官，江东淮南河北转运使，江浙荆淮发运使，时将弛茶禁而收其征，召长卿议。长卿曰:“本祖宗榷茶，盖将备二边之籴，且不出都内钱，公私以为便，今之所行，不足助边籴什一，国用耗矣。”乃条所不便十五事。不从，改陕西都转运使。(《宋史·孙长卿传》)

赐茶

初，贡团茶及白羊酒，惟见任两府方赐之。仁宗朝，及前宰臣，岁赐茶一斤，酒二壶，后以为例。(甲申杂记)

梁适

梁适进中书门下评章事，京师茶贾，负公钱四十万缗，盐铁判官李虞卿，案之急，贾惧，与吏为市，内交于适子弟，适出虞卿，

提点陕西刑狱。(宋史·梁适传)

王庠

王庠，父梦易，登皇祐第。尝摄兴州，改川茶运置茶铺，免役民，岁课亦办。部刺史恨其议不出己，以他事中之。镌三秩，罢归而卒。(《宋史·王庠传》)

李稷

李稷，提举蜀部茶场。甫两岁，羡课七十六万缗，擢盐铁判官。诏推扬其功，以劝在位。(《宋史·李稷传》)

苏辙

公在谏垣，论蜀茶。神宗朝，量收税。李杞、刘佑、蒲宗闵取息初轻，后益重，立法愈峻；李稷始议，极力掊取，民间遂困。稷引陆师闵共事，额至一百万贯。陆师闵又乞额外以百万贯为献。成都置都茶场，公条陈五害，乞放榷法，令民自作交易，但收税钱，不出长引，止令所在场务，据数抽买博马茶，勿失武备而已。言师闵百端陵虐细民，除茶递官吏养兵所费，所收钱七八十万贯，蜀人泣血，无所控告。讲画纤悉曲折，利害昭炳，时小吕申公当轴，叹曰："只谓苏子由儒学，不知吏事精详至于如此。"公论役法，尤为详尽，识者韪之。(《栾城先生遗言》)

程之邵

程之邵，元符中，主管茶马市，马至万匹，得茶课四百万缗。童贯用师熙岷，不俟报运茶往博籴，发钱二十万亿佐用度，连加直龙图阁集贤殿修撰，三进秩，为熙河都转运使。（《宋史·程之邵传》）

吴中复

吴中复从孙择仁，知熙州，从永兴军走马承受。蓝从熙言其擅改茶法，夺职免。（《宋史·吴中复传》）

梅执礼

梅执礼历比部员外郎，比部职勾稽财货，文牍山委，率不暇经目。苑吏有持茶卷至，为钱三百万者，以杨戬旨意，迫取甚急。执礼一阅，知其妄，欲白之长，贰疑不敢，乃独列上，果诈也。改度支吏部，进国子司业。（《宋史·梅执礼传》）

李璆

李璆知房州时，既榷官茶，复强民输旧额，贫无所出，被系者数百人；璆至，即日尽释之。（《宋史·李璆传》）

唐文若

唐文若通判洋州，洋西乡县产茶，亘陵谷八百余里；山穷险，

赋不尽括。使者韩球，将增赋以市宠，园户避苛敛转徙，饥馑相藉。文若力争之，赋迄不增。(《宋史·唐文若传》)

李焘

李焘知常德府，境多茶园，异时禁切，商贾率至交兵。焘曰："官捕茶贼，岂禁茶商。"听其自如，讫无警累。表乞闲，提举兴国宫秩。(《宋史·李焘传》)

赵崇宪

赵汝愚字崇宪，知江州郡，瑞昌民负茶引钱，新旧累积为一十七万有奇，皆困不能偿，死则以责其子孙，犹弗贷。会新卷行，视旧价几倍蓰。崇宪叹曰："负茶之民愈困矣。"亟请以新卷一，偿旧卷二，诏从之。盖受赐者千余家，刻石以记其事。(《宋史·赵汝愚传》)

茶商军

郑清之登进士第，调峡州教授。湖北茶商，群聚暴横，清之白总领何炳曰："此辈精悍，宜籍为兵，缓急可用。"炳亟下召募之，令趋者云集，号曰茶商军，后多赖其用。(《宋史·郑清之传》)

贾铉

贾铉迁左谏议大夫，兼工部侍郎，上书论山东采茶事，其大概以为茶树随山皆有，一切护逻，已夺民利，因而以拣茶树执诬小民，吓取货赂，宜严禁止，仍令按察司约束。上从之。（《金史·贾铉传》）

干事驿官

江南有驿官，以干事自任，白太守曰："驿中已理，请一阅之。"乃往，初至一室，为酒库，诸酝皆熟。其外画神，问："何神也？"曰："杜康。"刺史曰："公有余也。"又一室，曰茶库，诸茗毕备，复有神。问："何神也？"曰："陆鸿渐。"刺史益喜。又有一室，曰菹库，诸菹毕具，复有神，问："何神也？"曰："蔡伯喈。"刺史大笑曰："不必置此。"（《茶录》）

御史茶瓶

御史三院，一曰台院，其僚曰侍御史；二曰殿院，其僚曰殿中侍御史；三曰察院，其僚曰监察御史。察院厅居南。会昌初，监察御史郑路所葺礼察厅，谓之松厅，厅南有古松也。刑察厅谓之魔厅，寝于此多鬼魔也。兵察厅掌中茶，茶必市蜀之佳者，贮于陶器，以防暑湿，御史躬亲监启，故谓之御史茶瓶。（《御史台记》）

团茶

故事，建州岁贡，大龙凤团茶各二斤，以八饼为斤。仁宗时，蔡君谟知建州，始别择茶之精者，为小龙团十斤以献，斤为十饼，仁宗以非故事，命劾之；大臣为请，因留而免劾。然自是遂为岁额。熙宁中，贾青为福建转运使，又取小团之精者，为密云龙，以二十饼为斤，而双袋谓之双角团茶，大小团袋皆用绯，通以为赐也。密云独用黄盖，专以奉玉食，其后又有为瑞云翔龙者。宣和后，团茶不复贵，皆以为赐，亦不复如向日之精，后取其精者为銙茶，岁赐者不同，不可胜纪矣。(《石林燕语》)

茶货

国初，沿江置务收茶，名曰榷货务，给卖客旅，如盐货然，人不以为便。淳化四年，二月癸亥，诏废沿江八处应茶商，并许于出茶处市之。未几，有司恐课额有亏，复请于上，六月戊戌，诏复旧制。六飞南渡后，官不能运致茶货，而榷货务，只卖茶引矣。(《燕翼贻谋录》)

顾渚贡焙

案唐制：湖州造贡茶最多，谓之顾渚贡焙，岁造一万八千四百斤。大历后，始有进奉，建中二年，高刺郡，进三千六百串，并此诗一章，刻石在贡焙，故《杜鸿渐与杨祭酒书》云："顾渚中山紫笋茶两片，此物但恨帝未得尝，实所叹息。一片上太夫人，一片充昆弟同啜。"开成三年，以贡不如法，停刺史裴充官。(《全唐诗话》)

贡茶得官

《高斋诗话》云：郑可简以贡茶进用，累官职至右文殿修撰福建路转运使。其侄千里，于山谷间得朱草，可简令其子待问进之，因此得官。好事者作诗云："父贵因茶白，儿荣为草朱。"而千里以从父夺朱草以予子，哓哓不已。待问得官而归，盛集为庆，亲姻毕集，众皆赞喜。可简云，"一门侥幸"。其侄遽云，"千里埋冤"，众皆以为的对。是时贡茶，一方骚动故也。(《苕溪渔隐丛话》)

进茶

苕溪渔隐曰：余观东坡《荔枝叹》，注云，大小龙茶，始于丁晋公，而成于蔡君谟。欧阳永叔闻君谟进小龙团，惊叹曰："君谟士人也，何至作此事?"今年闽中监司，乞进斗茶，许之，故其诗云："武夷溪边粟粒芽，前丁后蔡相笼加，争新买宠各出意，今年斗品充官茶。"则知始作俑者，大可罪也。(《苕溪渔隐丛话》)

茶额

宋南渡以前，苏州买茶定额六千五百斤，元则无额，国朝茶课，验科征纳，计钱三百一十九万三千有奇，唯吴县长洲有之。(《太平清话》)

茶贡

谷雨节前，邑侯采办东山洞庭碧螺春茶入贡，谓之茶贡。

案《府志》：茶出吴县西山，以谷雨前为贵。王应奎《柳南随笔》云：洞庭东山碧螺峰石壁，产野茶数株，每岁土人持竹筐采归，以供日用，历数十年如是，未见其异也。康熙某年，按候采者如故，而其叶较多，筐不胜贮，因置怀间。茶得热气，异香忽发。采茶者争呼“吓杀人香”。“吓杀人”者，吴中方言也，因遂以名是茶云。自是以后，每值采茶，土人男女长幼，务必沐浴更衣，尽室而往。贮不用筐，悉置怀间。而土人朱正元独精制法，出自其家，尤称妙品。康熙己卯，车驾南巡，幸太湖。巡抚宋荦购此茶以进。上以其名不雅驯，题之曰“碧螺春”。自是，地方大吏，岁必采办，而售者往往以伪乱真。正元没，制法不传，即真者亦不及曩时矣。（《清嘉录》）

进芽茶

旧例，礼部主客司，岁额六安州霍山县，进芽茶七百斤，计四百袋，袋重一斤十二两，由安徽布政司解部，其奉檄榷茶者，则六安州学正也。闻是役在昔颇为民累，窃惟京华人海，百物充牣，圣人爱民如子，他日封疆大吏，必有奏请免进，以苏民困者。（《燕下乡脞录》）

品　名

西蕃有茶

常鲁公使西蕃，烹茶帐中。赞普问曰："此为何物？"鲁公曰："涤烦疗渴，所谓茶也。"赞普曰："我此亦有。"遂命出之，以指曰："此寿州者，此舒州者，此顾渚者，此蕲门者，此昌明者，此㴩湖者。"（《唐国史补》）

绿华紫英

同昌公主，上每赐馔，其茶则有绿华紫英之号。（《杜阳杂编》）

玉蝉膏

显德初，大理徐恪，见贻卿信铤子茶，茶面印文曰"玉蝉膏"，一种曰"清风使"。恪建人也。（《清异录》）

冷面草

符昭远不喜茶，尝为御史同列会茶，叹曰：“此物面目严冷，了无和美之态，可谓‘冷面草’也。饭余嚼佛眼芎，以甘菊汤送之，亦可爽神。”（《清异录》）

龙坡茶

开宝中，窦仪以新茶饮予，味极美。奁面标云：“龙陂山子茶。”龙陂，是顾渚山之别境。（《清异录》）

蔡君谟别茶

蔡君谟，善别茶，后人莫及。建安能仁院，有茶生石缝间，寺僧采造得茶八饼，号石岩白，以四饼遗君谟，以四饼密遣人走京师，遗王内翰禹玉。岁余，君谟被召还阙，访禹玉，禹玉命子弟于茶笥中，选取茶之精品者，碾待君谟。君谟捧瓯未尝，辄曰：“此茶极似能仁石岩白，公何从得之？”禹玉未信，索茶贴验之，乃服。王荆公为小学士时，尝访君谟，君谟闻公至，喜甚。自取绝品茶，亲涤器烹点以待公，冀公称赏。公于夹袋中，取消风散一撮，投茶瓯中并食之。君谟失色。公徐曰：“大好茶味。”君谟大笑，且叹公之真率也。（《墨客挥犀》）

蔡君谟制小团

蔡君谟议茶者，莫敢对公发言，建茶所以名重天下，由公也。后公制小团，其品尤精于大团。一日，福唐蔡叶丞秘校，召公啜小团，坐久，复有一客至，公啜而味之曰："非独小团，必有大团杂之。"丞惊呼，童曰："本碾造二人茶，继有一客至，造不及，乃以大团兼之。"丞神服公之明审。(《墨客挥犀》)

曾坑小团

蔡君谟始作小团茶入贡，意以仁宗嗣未立，而悦上心也。又作曾坑小团，岁贡一斤，欧阳文忠所谓两府共赐一饼者是也。元丰中，取拣芽不入香，作密云龙茶，小于小团，而厚实过之，终元丰，外臣未始识之。宣仁垂帘，始赐二府，及裕陵宿殿，夜赐碾成末茶二府两指许，二小黄袋，其白如玉，上题曰"拣芽"，亦神宗所藏。至元祐末，福建转运司，又取北苑枪旗，建人所作斗茶者也，以为瑞云龙，请进不纳。绍圣初，方入贡，岁不过八团，其制与密云等，而差小也。(《续闻见近录》)

密云龙

密云龙茶极为甘馨，时黄、秦、晁、张，号苏门四学士，子瞻待之厚。每来必令侍妾朝云，取密云龙。山谷有矞云龙，亦茶名。(《东坡集》)

贡茶丐赐

自熙宁后，始贵密云龙，每岁头纲修贡，奉宗庙及供玉食外，赉及臣下无几。戚里贵近，丐赐尤繁。宣仁一日慨叹曰："令建州今后，不得造密云龙，受他人煎炒不得也，出来道：我要密云龙，不要团茶。拣好茶吃了，生得甚意智！"此语既传播于缙绅间，由是密云龙之名益著。淳熙间，亲党许仲启官苏沙，得北范修贡录，序以刊行，其间载岁贡十有二纲，凡三等，四十有一名。第一纲，曰龙熔贡新，止五十余夸，贵重如此。独无所谓密云龙，岂以贡新易其名，或别为一种，又居密云龙之上耶？叶石林云：熙宁中，贾青为福建转运使，取小团之精者，为密云龙，以二十饼为斤，而双袋谓之双角，大小团袋，皆非通，以为赐密云龙独用黄云。（《清波杂志》）

倪元镇绝交

倪元镇素好饮茶，在惠山中，用核桃松子肉，和真粉成小块如石状，置茶中，名曰"清泉白石茶"。有赵行恕者，宋宗室也，慕元镇清致，访之，坐定，童子供茶，行恕连啖如常。元镇艴然曰："吾以子为王孙，故出此品，乃略不知风味，真俗物也。"自是交绝。（《云林遗事》）

无味如茶

顾彦先曰:“有味如臛，饮而不醉；无味如茶，饮而醒焉，醉人何用也?”(《秦子》)

皋卢茗

酉平县出皋卢茗之利，茗叶大而涩，南人以为饮。(《广州记》)

无酒茶

茶，丛生真，煮饮为茗茶。茱萸檄子之属膏煎之，或以茱萸煮脯胃汁为之，曰茶。有赤色者，亦米和膏煎，曰无酒茶。(《广志》)

过罗

茗，苦涩，亦谓之过罗。(《南越志》)

茶花

茶花状似栀子，其色稍白。(《桐君录》)

名品

风俗贵茶，茶之名品益众。剑南有蒙顶石花，或小方，或散芽，号为第一。湖州有顾渚之紫笋；东川有神泉小团，昌明兽目；

峡州有碧涧明月，芳蕊茱萸；福州有方山之露芽；夔州有香山；江陵有南木；湖南有衡山；岳州有㴩湖之含膏；常州有义兴之紫笋；婺州有东白；睦州有鸠坑；洪州有西山之白露；寿州有霍山之黄芽；蕲州有蕲门团黄，而浮梁之商货不在焉。(《唐国史补》)

荈与茗

茶叶如栀子，可煮为饮。其老叶谓之荈，嫩叶谓之茗。(《魏王花木志》)

草茶

腊茶出于剑建，草茶盛于两浙，两浙之品，日注为第一。自景祐已后，洪州双井白芽渐盛，近岁制作尤精，囊以红纱，不过一二两，以常茶十数斤养之，用辟暑湿之气，其品远出日注上，遂为草茶第一。(《归田录》)

龙凤茶

茶之品，莫贵于龙凤，谓之团茶，凡八饼重一斤。庆历中，蔡君谟为福建路转运使，始造小片龙茶以进，其品绝精，谓之小团，凡二十饼重一斤，其价值金二两，然金可有而茶不可得。每因南郊致斋，中书枢密院各赐一饼，四人分之，宫人往往缕金花于其上，盖其贵重如此。(《归田录》)

雀舌

茶芽，古人谓之雀舌麦颗，言其至嫩也。今茶之美者；其质素良，而所植之木又美，则新芽一发，便长寸余，其细如针，唯芽长为上品，以其质干土力皆有余故也。如雀舌麦颗者，极下材耳，乃北人不识，误为品题，予山居有茶论，尝茶诗云："谁把嫩香名雀舌，定来北客未曾尝，不知灵草天然异，一夜风吹一寸长。"（《梦溪笔谈》）

团茶

有唐茶品，以阳羡为上供，建溪北苑，未著也。贞元中，常衮为建州刺史，始蒸焙而研之，谓之研膏茶，其后稍为饼样其中，故谓之一串。陆羽所烹，惟是草茗尔。迨至本朝，建溪独盛，采焙制作，前世所未有也。士大夫珍尚鉴别，亦过古先。丁晋公为福建转运使，始制为凤团，后又为龙团，贡不过四十饼，专拟上供，虽近臣之家，徒闻之而未尝见也。天圣中，又为小团，其品回加于大团，赐两府，然止于一斤，唯上大斋宿，八人两府，共赐小团一饼，缕之以金，八人拆归，以侈非常之赐，亲知瞻玩，赓唱以诗。故欧阳永叔有《龙茶小录》，或以大团问者，辄方刲寸以供佛供仙家庙，已而奉亲，并待客享子弟之用。熙宁末，神宗有旨，建州制密云龙，其品又加于小团矣，然密云之出，则二团少粗，以不能两好也。予元祐中详定殿试，是年秋，为制举，考第官，各蒙赐三饼，然亲知诛责，殆将不胜。宣仁一日叹曰："指挥建州，今后更不许造密云龙，亦不要团茶；拣好茶吃了，生得甚好意智。"熙宁中，苏子容使虏，姚麟为副，曰："盍载些小团茶乎？"子容曰："此乃供上之物，俦敢与虏人。"未几，有贵公子使虏，广贮团茶，自尔虏人非团茶不纳也，非小团不贵也。彼以二团易蕃罗一匹，此以一罗酬四团。少不满，则形言语，近有貂使边，以大团为常供，密云为好茶。(《画墁录》)

茶墨

司马温公云："茶墨正相反。茶欲白，墨欲黑；茶欲新，墨欲陈；茶欲重，墨欲轻；如君子小人不同，至如喜干而恶湿，袭之以囊，水之以色，皆君子所好玩则同也。"(《画墁录》)

十纲

建州龙焙西北，谓之北苑，有一泉极清澹，谓之御泉。用其池水造茶，即坏茶味。唯龙团胜雪、白茶二种，谓之水芽花，蒸后拣，每一芽，先去外两小叶，谓之乌带，又次取两嫩叶，谓之白合，留小心芽置于水中，呼为水芽，聚之稍多，即研焙为二品，即龙团胜雪、白茶也。茶之极精好者，无出于此，每胯计工价近三十千，其他茶虽好，皆先拣而后蒸研，其味次第减也。茶有十纲：第一、第二纲太嫩，第三纲最妙，自六纲至十纲，小团至大团而止。第一名曰试新、第二名曰贡新。第三名有十六色：龙团胜雪、白茶、万寿龙芽、御苑玉芽、上林第一、乙夜清供、龙凤英华、玉除清赏、承平雅玩、启沃承恩、云叶、雪英、蜀葵、金钱、玉华、千金。第四有十二色：无比寿芽、宜年宝玉、玉清庆云、无疆寿龙、万春银叶、玉叶长春、瑞云翔龙、长寿玉圭、香口焙、兴国岩、上品拣芽、新收拣芽。第五次有十二色：太平嘉瑞、龙苑报春、南山应瑞、兴国岩小龙，又小凤、续入额、御苑玉芽、万寿龙芽、无比寿芽、瑞云翔龙、先春太平嘉瑞、长寿玉圭。以下五纲，皆大小团也。(《西溪丛语》)

异名

茶之所产，六经载之详矣。独异美之名未备。谢氏论茶曰："此丹丘之仙茶，胜乌程之御荈，不止味同露液白，况霜华岂可为酪，苍头便应代酒从事。"杨衒之作《洛阳伽蓝记》曰"食有酪奴"，指茶为酪粥之奴也。杜牧之诗："山实东南秀，茶称瑞草魁。"皮日休诗："十分煎皋卢。"曹邺诗："剑外尤华美。"施肩吾诗："茶为涤烦子，酒为忘忧君。"此见于诗文者。若《南越志》："茗苦涩，谓之果罗。"北苑曰叶布绝品，豫章曰白露，曰白茅，南剑曰石花，曰鑯芽，东川曰兽目，湖常曰白茶、紫笋，寿州曰黄芽，福建曰方山露芽，岳阳曰含膏。外此无多，颇疑似者不书。若蟾背、虾须、雀舌、蟹眼、瑟瑟尘、霏霏靄，及鼓浪涌泉、琉璃眼、碧玉池，又皆茶事中天然偶字也。(《臆乘》)

新茶

公言茶品高而年多者，必稍陈。遇有茶处，春初取新芽，轻炙杂而烹之，气味自复在。襄阳试作甚佳，尝语君谟，亦以为然。(《王氏谈录》)

精茶

茶之精者，北苑名曰乳头，江左有金蜡面。李氏别命取其乳作片，或号曰京挺、的乳，二十余品。又有研膏茶，即龙品也。(《谈苑》)

交趾茶

李仲宾学士言:“交趾茶如绿苔，味辛烈，名之曰登。”(《研北杂志》)

佳品

《学林新编》云:“茶之佳品，造在社前，其次则火前，谓寒食前也。其下则雨前，谓谷雨前也。佳品其色白，若碧绿者，乃常品也。茶之佳品，芽蘖细微，不可多得，若取数多者，皆常品也。茶之佳品，皆点啜之，其煎啜之者，皆常品也。齐己《茶诗》曰:“甘传天下口，贵占火前名。”又曰:“高人爱惜藏岩里，白瓿封题寄火前。”丁谓《茶诗》曰:“开缄试新火，须汲远山泉。”凡此皆言火前，盖未知社前之品为佳也。郑谷《茶诗》曰："入坐半瓯轻泛绿，开缄数片浅含香。"郑云叟《茶诗》云："罗忧碧粉散，尝见绿花生。"沈存中论茶，谓"黄金碾畔绿尘飞，碧玉瓯中翠涛起"，宜改绿为玉，翠为素，此论可也；而举"一夜风吹一寸长"之句，以为茶之精美，不必以雀舌鸟嘴为贵。今案茶至于一寸长，则其芽叶大矣，非佳品也。存中此论曲矣。卢仝《茶诗》曰："开缄咸见谏议面，手阅月团三百片。"薛能《谢刘相公寄茶诗》曰："两串春团敌夜光，名题天柱印维扬。"茶之佳品，珍逾金玉，未易多得，而以三百片惠卢仝，以两串寄薛能者，皆下品可知也。齐己诗："角开香满室，炉动绿凝铛。"丁谓诗曰："未细烹还好，铛新味更全。"此皆煎啜之也，煎啜之者，非佳品矣。唐人以茶虽有陆羽为之说，而持论未精，至本朝蔡君谟《茶录》既行，则持论精矣。以《茶录》而核前贤之诗，皆未知佳品者也。(《苕溪渔隐丛话》)

茶古不著所出

《遁斋闲览》云：茶古不著所出,《本草》云，出益州。唐以蒙山、顾渚、蕲门者为上品；尚杂以苏椒之类。故泌诗云："旋沫翻成碧玉池，添苏散出琉璃眼。"遂以碧色为贵，止曰煎茶，不知点试之妙，大率皆草茶也。陆羽《茶经》统言福建、泉韶等一州所出者，其味极佳而已。今建安为天下第一。(《苕溪渔隐丛话》)

北苑新茶

苕溪渔隐曰：建安北苑茶，始于太宗朝，太平兴国二年，遣使造之，取像于龙凤，以别庶饮，由此入贡，至道间，仍添造石乳，其后大小龙茶，又起于丁谓，而成于蔡君谟，谓之将漕闽中，实董其事，赋北苑焙新茶诗，其序云：天下产茶者，将七十群半，每岁入贡，皆于社前火前为名，悉无其实，惟建州出茶有焙，焙有三十六,三十六中，惟北苑发早而味尤佳，社前十五日，即采其芽，日数千工，聚而造之，逼社即入贡，工甚大，造甚精，皆载于所撰《建阳茶录》。仍作诗以大其事云："北苑龙茶者，甘鲜的是珍。四方惟数此，万物更无新。才吐微茫绿，初沾少许春。散寻索树遍，急采上山频。宿叶寒犹在，芳芽冷未伸。茅茨溪口焙，篮笼雨中陈。长疾勾萌并，开齐分两均。带烟蒸雀舌，和露叠龙鳞。作贡胜诸道，先尝祇一人。缄封瞻阙下，邮传渡江滨。特旨留丹禁，殊恩赐近臣。啜为灵药助，用与上樽亲。头进英华尽，初烹气味醇。细香胜却麝，浅色过于筠。顾渚惭投木，宜都愧积薪。年年号供御，天产壮瓯闽。"此诗叙贡茶，颇为详尽，亦可见当时之事也。又君谟《茶录·序》云："臣前因奏事，伏蒙陛下谕臣，先任福建转运使日，所进上品龙茶，最为精好。臣退念草木之微，首辱陛下知鉴，若处之得地，则能尽其材。昔陆羽《茶经》，不第建安之品，丁谓《茶图》，独能采造之本。至于烹试，曾未有闻，辄条数事，简而易明，勒成二篇，名曰《茶录》。"至宣政间，郑可简以贡茶进用，久领漕计，创添续入，其数浸广，今犹因之。细色茶五纲，凡四十三品，形制各异，共七千余饼，其间贡新试，新龙团胜雪，白茶，御苑玉芽，此五品乃水拣为第一，乃生拣次之；又有粗色茶七纲，凡五品，大小龙凤，并拣芽，悉入龙脑，和膏为团饼茶，共四万余饼。东坡题文公诗卷云："上人问我留连意，待赐头纲八饼茶。"即今粗色红绫袋饼八者是也。盖水拣茶即社前者，生拣茶即火前者，粗色茶即雨前者；闽中地暖，雨前茶已老，而味加重矣。山谷和阳王休点密云龙诗云："小壁云龙不入香，元丰龙焙承诏作。"今细色茶中却无此一品也。又有石门乳吉香口三外焙亦隶于北苑，皆采摘茶芽，送官焙添造，每岁縻金共二万余缗，日役千夫，凡两月方能讫事。第所造之茶，不许过数，入贡之后，市无货者，人所罕得；惟壑源诸处私焙茶，其绝品亦可敌官焙，自昔至今，亦皆入贡，其流贩四方，悉私焙茶耳。苏黄皆有诗称道壑源茶，盖壑源与北苑为邻，山阜相接，才二里余，其茶甘香，特在诸私焙之上。东坡和曹辅寄壑源试焙新茶诗云："仙山灵雨湿行云，洗遍香肌粉未匀。好月来投玉川子，清风吹破武陵春。要知玉雪心肠好，不是膏油首面新。戏作小诗君一笑，从来佳茗似佳人。"山谷谢送碾识壑源拣芽诗云："矞云从龙小苍璧，元丰至今人未识。壑源包贡第一春，缃奁碾香供玉食。睿思殿东金井栏，甘露荐碗天开颜。桥山事严庀百局，补兖诸公省中宿。中人传赐夜未央，雨露恩光照宫烛。右丞似是李元礼，好事风流有泾渭。肯怜天禄校书郎，亲勅家庭遣分似。春风饱识大官羊，不惯腐儒汤饼肠。搜搅十

年灯火读，令我胸中书传香。已戒应门老马走，客来问字莫载酒。”（《苕溪渔隐丛话》）

东坡删诗

苕溪渔隐曰：东坡诗，“春浓睡足午窗明，想见新茶如泼乳”；又云“新火发茶乳”，此论皆得茶之正色矣。至赠谦师点茶，则云：“忽惊午盏免毫斑，打作春瓮鹅儿酒。”盖用老杜诗：“鹅儿黄似酒，对酒爱鹅儿。”若是则其色黄，乌得为佳茗矣。今《东坡前集》，不载此诗，想自知其非，故删去之。（《苕溪渔隐丛话》）

丁长孺烹煎法

湖人于茗，不数顾渚而数罗岕，然顾渚之佳者，其风味已远出龙井下，岕稍清隽，然叶粗而作草气。丁长孺尝以半角见饷，且教余烹煎之法，迨试之，殊类羊公鹤，此余有解有未解也。余尝品茗，以武夷、虎丘第一，淡而远也；松萝、龙井次之，香而艳也；天池又次之，常而不厌也。余子琐琐，勿置齿喙。（《西吴枝乘》）

概称茗当是错

茶树初采为茶，老为茗，再老为荈，今概称茗，当是错用事也。（《枕谭》）

骑火茶

龙安有骑火茶最上，不在火前，不在火后故也。清明改火，故曰骑火茶。(《五色线》)

仙人茶

洞庭中西尽处，有仙人茶，乃树上之苔鲜也，四皓采以为茶。(《太平清话》)

茂吴品茶

昨同徐茂吴至老龙井买茶，山民十数家，各出茶。茂吴以次点试，皆以为赝，曰:“真者甘香而不冽，稍冽便为诸山赝品。”得一二两，以为真物，试之，果甘香若兰。而山民及寺僧，反以茂吴为非，吾亦不能置辨。伪物乱真如此。茂吴品茶，以虎丘为第一，常用银一两余，购其斤许。寺僧以茂吴精鉴，不敢相欺，他人所得，虽厚价亦赝物也。子晋云：本山茶叶，微带黑，不甚清翠，点之色白如玉，而作寒豆香，宋人呼为白雪茶，稍绿便为天池物。天池茶中，杂数茎虎丘，则香味迥别。虎丘，其茶中王种耶，岕茶精者，庶几妃后，天池、龙井，便为臣种，余则民种矣。(《快雪堂漫录》)

茶妙在造

松萝之香馥馥，庙后之味闲闲，顾渚扑人鼻孔，齿颊都异，久而不忘。然其妙在造。凡宇内道地之产，性相近也，习相远也。吾深夜被酒，发张震封所贻顾渚，连啜而醒，书此。(《梅花草堂笔谈》)

茶出富贵人

饮茶故富贵事。茶出富贵人，政不必佳。何则？矜名者不旨其味，贵耳者不知其神，严重者不适其候。冯先生有言，此事如法书名画，玩器美人，不得着人手。辩则辩矣，先生尝自为之，不免白水之诮，何居。今日试堵先生所贻秋叶，色香与水相发，而味不全。民穷财尽，巧伪萌生，虽有卢仝陆羽之好，此道未易恢复也。甲子春三日。(《梅花草堂笔谈》)

茶菊

甘菊单瓣，味香甜，性宜分植，骈久则瓣渐稠，香亦渐减。塞菊差小而满中，小铃簇凑成枝，俗谓之金铃菊。予所意东篱故种，不过如此，顾未闻有茶菊也。黄介子自顾山来，贻茶菊一本，花似马兰，中满不铃，而香韵清远，殊有金石豆花之气，绝不类菊，名茶当不诬耳。顾山菊冠江南，其小品亦自超。(《梅花草堂笔谈》)

云雾茶

洞十从天台来，以云雾茶见投。亟煮惠水泼之，勃勃有豆花气，而力韵微怯，若不胜水者。故是天池之兄，虎丘之仲耳。然世莫能知，岂山深地迥，绝无好事者赏识耶？洞十云："他山焙茶多夹杂，此独无有。"果然，即不见知，何患乎。夫使有好事者一日露其声价，苦他山，山僧竞起杂之矣。是故实衰于知名，物敝于长价。(《梅花草堂笔谈》)

天池茶

夏初天池茶，都不能三四碗。寒夜泼之，觉有新兴。岂厌常之习，某所不免耶？将岕之不足，觉池之有余乎？或笑某子有岕癖，当不然。癖者岂有二嗜欤？某曰："如君言，则曾西以羊枣作脍，屈到取芰而饮之也。孤山处士，妻梅子鹤，可谓嗜矣。道经武陵溪，酌桃花水，一笑何伤乎。"(《梅花草堂笔谈》)

雨窗

焚香啜茗，自是吴中人习气，雨窗却不可少。(《梅花草堂笔谈》)

品泉吴城

料理息庵，方有头绪，便拥炉静坐其中，不觉午睡昏昏也。偶闻儿子书声，心乐之，而炉间翏翏如松风响，则茶且熟矣。三月不雨，井水若甘露，竞扃其门，而以瓶罂相遗，何来惠泉，乃厌张生馋口。讯之家人辈，云，旧藏得惠水二器，宝云泉一器，亟取二味品之，而令儿子快读李秃翁焚书，惟其极醒极健者。因忆壬寅五月中，着屐烧灯品泉于吴城王弘之第，自谓壬寅第一夜，今日岂减此耶！(《梅花草堂笔谈》)

紫笋茶

长兴有紫笋茶，土人取金沙泉造之乃胜。而泉不常有，祷之然后出，事已辄涸。某性嗜茶，而不能通其说。询往来贸茶人，绝未有知泉所在者。又不闻茶有紫笋之目，大都矜称庙后洞山涨沙止矣。宋有紫茸玉，岂是耶？东坡呼小龙团，便知山谷诸人为客，其贵重如此。自今思之，政堪与调和盐醯作伴耳。然莫须另风味在，古人当不浪说也。炉无炭，茶与水各不见长，书此为雪士一笑。(《梅花草堂笔谈》)

六合

宜入药品，但不善炒，不能发香而味苦。茶之本性实佳。(《长物志》)

真松萝

十数亩外，皆非真松萝。茶山中亦仅有一二家，炒法甚精。近

有山僧手焙者更妙。真者在洞山之下，天池之上，新安人最重之，两都曲中亦尚此，以易于烹煮，且香烈故耳。(《长物志》)

庙后茶

阳羡茶数种，岕为最。岕数种，庙后为最。庙后方不能亩，外郡人亦争言之矣。然杂以他茶，试之不辨也。色香味三淡，初得口泊如耳。有间，甘入喉；有间，静入心脾；有间，清入骨。嗟乎，淡者道也，虽吾邑士大夫家，知此者可屈指焉。(《秋园杂佩》)

阆林茶

衡山水月林主僧静音，馈余阆林茶一包，焯菜一瓶。阆则安切，音钻，平声，衡人俗字也。此茶出石罅中，乃鸟衔茶子堕罅中而生者，极不易得，衡岳之上品也，最能消胀。(《广阳杂记》)

武夷茶

武夷茶佳甚。天下茶品，常以阳羡老庙后为第一，武夷次之，他不入格矣。(《广阳杂记》)

武夷焙法

余侨寓浦城，艰于得酒，而易于得茶。盖浦城本与武夷接壤，即浦产亦未尝不佳。而武夷焙法，实甲天下，浦茶之佳者，往往转运至武夷加焙，而其味较胜，其价亦顿倍。其实古人品茶，初不重武夷，亦不精焙法也。《画墁录》云："有唐茶品，以阳羡为上供，建溪北苑不著也。贞元中，常衮为建州刺史，始蒸焙而研之，谓之研膏茶。丁晋公为福建转运使，始置为凤团。"今考北苑，虽隶建州，然其名为凤皇山，其旁为壑源沙溪，非武夷也。东坡作《凤咮砚铭》有云："帝规武夷作茶圃，山为孤凤翔且嗅。"又作《荔支叹》云："君不见武夷溪边粟粒芽，前丁后蔡相笼加。"直以北苑之名凤皇山者为武夷。《渔隐丛话》辨之甚详，谓北苑自有一溪，南流至富沙城下，方与西来武夷溪水合流，东去剑溪。然又称武夷未尝有茶，则亦非是。据《武夷杂记》云："武夷茶，赏自蔡君谟。始谓其过北苑龙团，周右父极抑之。盖缘山中不晓焙制法，一味计多徇利之过。"是宋时武夷，已非无茶，特焙法不佳，而世不甚贵尔。元时，始于武夷置场官工员，茶园百有二所，设焙局于四曲溪，今御茶园，喊山台，其遗迹并存。沿至今日，则武夷之茶，不胫而走四方。且粤东岁运，番舶通之外夷，而北苑之名遂泯矣。武夷九曲之末为星村，鬻茶者骈集交易于此，多有贩他处所产，学其焙法，以赝充者，即武夷山下人，亦不能辨也。

余尝再游武夷，信宿天游观中，每与静参羽士，夜谈茶事。静参谓茶名有四等，茶品有四等。今城中州府官廨，及豪富人家，竞尚武夷茶，最著者曰花香；其由花香等而上者，曰小种而已。山中则以小种为常品，其等而上者曰名种。此上以下，所不可多得。即泉州厦门人，所讲工夫茶，号称名种者，实仅得小种也。又等而上之，曰奇种，如雪梅、木瓜之类，即山中亦不可多得。大约茶树与梅花相近者，即引得梅花之味；与木瓜相近者，即引得木瓜之味。他可类推。此亦必须山中之水，方能发其精英，阅时稍久，而其味亦即稍退。三十六峰中，不过数峰有之。各寺观所藏，每种不能满一斤，用极小之锡瓶贮之，装在各种大瓶中间，遇贵客名流到山，始出少许，郑重瀹之。其用小瓶装赠者，亦题奇种，实皆名种。杂以木瓜、梅花等物，以助其香，非真奇种也。至茶品之四等，一曰香，花香、小种之类皆有之。今之品茶者，以此为无上妙谛矣。不知等而上之，则曰清，香而不清，犹凡品也。再等而上，则曰甘，香而不甘，则苦茗也。再等而上之，则曰活，甘而不活，亦不过好茶而已。活之一字，须从舌本辨之，微乎微乎！然亦必瀹以山中之水，方能悟此消息。此等语，余屡为人述之，则皆闻所未闻者，且恐陆鸿渐《茶经》，未曾梦及此矣。忆吾乡林越亭先生《武夷杂诗》中有句云："他时诧朋辈，直饮玉浆回。"非身到山中，鲜不以为欺人语也。(《归田琐记》)

静参品茶

梁茝林中丞尝再游武夷，信宿天游观，与静参羽士谈茶，静参曰，茶名有四等，茶品有四等。

福州城中官吏富豪，竞尚武夷，最著者曰花香，有由花香等而上者，曰小种；山中则以小种为常品。又等而上者，曰名种，此为山下所不可多得者，即泉州厦门人所讲之工夫茶，号称名种者，实仅得小种也。又等而上之曰奇种，如雪梅、木瓜之类，即山中亦不可多得。大抵茶树与梅花相近者，即引得梅花之味，与木瓜相近者，即引得木瓜之味，他可类推。且烹时亦必须山中之水，方能发其精英，阅时稍久，而其味亦即稍退，三十六峰中，亦仅数峰有之。寺观所藏，每种不能满一斤，以极小锡瓶贮之，装于各种大瓶，遇有贵客名流至山，始出少许，郑重瀹之。其用小瓶装者，亦题曰奇种，实皆名种，杂以木瓜、梅花等物，助其香，非真奇种也。

至茶品之四等，一曰香，花香、小种之类皆有之，今之品茶者，以此为无上妙谛矣；不知等而上之，则曰清，香而不清，犹凡品也；再等而上之，则曰甘，香而不甘，则苦茗也；再等而上之，则曰活，甘而不活，亦不过寻常好茶而已，活之一字，须从舌本辨之，微乎微矣，然亦必瀹以山中之水，方能悟此消息也。（《清稗类钞》）

猴遗茶

温州雁宕山有猴，每至晚春，辄采高山茶叶，以遗山僧，盖僧尝于冬时知猴之无所得食也，以小袋盛米投之，猴之遗茶，所以为答也。烹以泉水，味清而腴，平阳宋燕生征君恕尝得之。（《清稗类钞》）

效 能

斛二瘕

桓宣武时，有一督将，因时行病后虚热，更能饮复茗，必一斛二斗乃饱，才减升合，便以为不足；非复一日。家贫，后有客造之，正遇其饮复茗，亦先闻世有此病，仍令更进五升，乃大吐，有一物出如升，大有口，形质缩绉，状如牛肚。客乃令置之于盆中，以一斛二斗复茗浇之，此物噏之都尽而止，觉小胀，又加五升，便悉混然从口中涌出。既吐此物，其病遂差。或问之此何病，答云：此病名斛二瘕。(《搜神后记》)

脑痛

文帝微时，梦神易其脑骨，自尔脑痛。忽遇一僧曰："山中有茗草，煮而饮之当愈，常服之有效。" 由是竞采，天下始知饮茶。茶有赞，其略曰："穷春秋，演河图，不如载茗一车。" (《隋书》)

消酒食毒

昔有人授舒州牧，李德裕谓之曰：“到彼郡日，天柱峰茶，可惠三角。”其人献之数十斤，李不受，退还。明年罢郡，用意精求，获数角，投之。德裕阅而受曰：“此茶可以消酒食毒。”乃命烹一瓯，沃于肉食内，以银合闭之。诘旦，因视其肉，已化为水，众服其广识。（《玉泉子》）

乳妖

吴僧文了善烹茶，游荆南，高保勉白于季兴，延置紫云庵，日试其艺，保勉父子呼为“汤神”，奏授华定水大师上人，目曰“乳妖”。（《清异录》）

令少睡眠

饮真茶，令少睡眠。（《博物志》）

祛宿疾

有僧在蒙山顶，见一老父云：“仙家有雷鸣茶井，候雷发声，井中采撷一两，祛宿疾；二两，当眼前无疾；三两，换骨；四两，为地仙矣。”（《集灵记》）

得长年

东坡以茶性寒，故平生不饮，惟饮后浓茶涤齿而已。然大中三都，进一僧百三十岁，宣宗问服何药，云性惟好茶，饮至百碗，少犹四五十碗。以坡言律之，必且损寿，反得长年，则又何也？（《唐锦梦余录》）

香茗利最溥

香茗之用，其利最溥。物外高隐，坐语道德，可以清心悦神。初阳薄暝，兴味萧骚，可以畅怀舒啸。晴窗榻帖，挥麈闲吟，篝灯夜读，可以远辟睡魔。青衣红袖，密语谈私，可以助情热意。坐雨闭窗，饭余散步，可以遣寂除烦。醉筵醒客，夜雨蓬窗，长啸空楼，冰弦戛指，可以佐欢解渴。品之最优者，以沉香岕茶为首。第焚煮有法，必贞夫韵士，乃能究心耳。志香茗第十二。（《长物志》）

饮　酬

王肃与高祖宴

王肃，字恭懿，忆父非理受祸，常有子胥报楚之意，异身素服，不听音乐，时人以此称之。肃初入国，不食羊肉及酪浆等，常饭鲫鱼羹，渴饮茗汁。京师士子，见肃一饮一斗，号为漏卮。

经数年已后，肃与高祖燕会，食羊肉酪粥，高祖怪之，谓肃曰："即中国之味也。羊肉何如鱼羹，茗饮何如酪浆。"肃对曰："羊者是陆产之最，鱼者是水族之长，所好不同，并各称珍。以味言之，是有优劣，羊比齐鲁大邦，鱼比邾莒小国，唯茗不中，与酪作奴。"高祖大笑，因举酒曰："三三横，两两纵，谁能辨之赐金钟。"御史中丞李彪曰："沽酒老妪瓮注㼦，屠儿割肉与秤同。"尚书右丞甄琛曰："吴人浮水自云工，妓儿掷绳在虚空。"彭城王勰曰："臣始解，此是'習'字。"高祖即以金钟赐彪，朝廷服彪聪明有知，甄琛和之亦速。

彭城王谓肃曰："卿不重齐鲁大邦，而爱邾莒小国？"肃对曰：

“乡曲所美，不得不好。”彭城王重谓曰：“卿明日顾我，为卿设邾莒之食，亦有酪奴。”时给事中刘镐，慕肃之风，专习茗饮。彭城王谓镐曰：“卿不慕王侯八珍，好苍头水厄，海上有逐臭之夫，里内有学颦之妇，以卿言之，即是也。”其彭城王家有吴奴，以此言戏之，自是朝贵燕会，虽设茗饮，皆耻不复食。唯江表残民远来降者，饮焉。后萧衍子西丰侯萧正德归降时，元义欲为设茗，先问“卿于水厄多少？”正德不晓义意，答曰：“下官虽生于水乡，而立身已来，未遭阳侯之难。”元义与举坐之客大笑焉。(《洛阳伽蓝记》)

岑羲设茗

三月上巳日，上幸司农少卿王光辅庄，驾还朝后，中书侍郎南阳岑羲，设茗饮葡萄浆，与学士等讨论经史。(《景龙文馆记》)

陆贽受茶一串

陆贽，字敬舆，苏州嘉兴人，十八第进士，中博学宏辞，调郑尉，罢归。寿州刺史张镒有重名，贽往见，语三日，奇之，请为忘年交。既行，饷钱百万，曰：“请为母夫人一日费。”贽不纳，止受茶一串，曰：“敢不承公之赐！”(《唐书·陆贽传》)

刘禹锡换取六班茶

乐天方入关，刘禹锡正病酒。禹锡乃馈菊苗虀、芦菔鲊，换取

乐天六班茶二囊，以醒酒。(《蛮瓯志》)

崇收茶三等

《觉林院志》：崇收茶三等，待客以惊雷荚，自奉以萱草带，供佛以紫茸香，盖最上以供佛，而最下以自奉也。客赴茶者，皆以油囊盛余沥以归。(《云仙杂记》)

顺义进茶

顺义四年春，王遣右卫上将军许确，进贺郊天细茶五百斤于唐。秋，遣右威卫将军雷岘，献新茶于唐。(《十国春秋·吴睿帝本纪》)

李嗣源献新茶于唐

六年夏四月，唐主殂，李嗣源即皇帝位，改元天成。是月，王遣使献新茶于唐。(《十国春秋·吴睿帝本纪》)

耐重儿

通文二年，国人贡建州茶膏，制以异味，胶以金缕，名曰耐重儿，凡八枚。(《十国春秋·闽康宗本纪》)

建州茶膏失盗

有得建州茶膏，取作耐重儿八枚，胶以金缕，献于闽王曦，遇通文之祸，为内侍所盗，转遗贵臣。(《清异录》)

的乳茶

保大四年二月，命建州制的乳茶，号曰京挺，腊茶之贡自此始，罢阳羡茶。(《十国春秋·南唐元宗本纪》)

汤社

和凝在朝，率同列递日以茶相饮，味劣者有罚，号为汤社。(《清异录》)

孙樵送茶

孙樵送茶与崔刑部书云:“晚甘侯十五人，遣侍斋阁。此徒皆请雷而摘，拜水而和。盖建阳丹山碧水之乡，月涧云龛之品，慎勿贱用之。”(《清异录》)

龙凤饰

章献明肃刘皇后，旧赐大臣茶，有龙凤饰。太后曰:“岂人臣可得!”命有司别制入香京挺，以赐之。(《宋史·后妃传》)

范镇受赐龙茶

（范镇）拜端明殿学士，起提举中太一宫兼侍读，且欲以为门下侍郎。镇雅不欲起，从孙祖禹亦劝止之，遂固辞，改提举崇福宫。祖禹谒告归省，诏赐以龙茶，存劳甚渥。(《宋史·范镇传》)

苏轼受赐龙茶银合

苏轼拜龙图阁学士，知杭州。宣仁后心善轼，轼出郊，用前执政恩例，遣内侍赐龙茶银合，慰劳甚厚。(《宋史·苏轼传》)

涤砚赠茶

黄实自言为发运使，大暑泊清淮楼，见米元章衣犊鼻，自涤砚于淮口：索箧中一无所有，独得小龙团二饼，亟遣人送入，趁其涤砚未毕也。(《销夏》)

陈俊卿受召

俊卿淳熙二年再命知福州，累章告归，除特进起，判建康府兼江东安抚，召对垂拱殿，命坐赐茶。(《宋史·陈俊卿传》)

陈也罢会客

莆田愧斋陈公音，性宽坦，在翰林时，夫人尝试之。会客至，公呼茶，夫人曰："未煮。"公曰："也罢。"又呼干茶，夫人曰："未

买。”公曰：“也罢。”客为捧腹。时因号陈也罢。(《云林遗事》)

孙皓以茶代酒

南人好饮茶，孙皓以茶与韦昭代酒；谢安诣陆纳，设茶果而已。北人初不识此，开元中，太山灵岩寺，有降魔师教禅者以不寐，人多作茶饮，因以成俗。(《续博物志》)

茗战

建人谓斗茶为茗战。(《云仙杂记》)

客至啜茶，去则啜汤

茶见于唐时，味苦而转甘，晚采者为茗。今世俗客至则啜茶，去则啜汤，汤取药材甘香者屑之，或温或凉，未有不用甘草者，此俗遍天下。先公使辽，辽人相见，其俗先点汤，后点茶，至饮会，亦先水饮然后品味，但欲与中国相反，本无义理。(《萍洲可谈》)

三国时已知饮茶

饮茶，或云始于梁天监中，事见《洛阳伽蓝记》，非也。按《吴志·韦曜传》：“孙皓时，每宴飨，无不竟日坐，席无能否，饮酒率以七升为限，虽不悉入口，皆浇濯取尽。曜素饮不过二升，初见，礼异时或为裁减，或赐茶荈，以当酒。”如此言，则三国时已

知饮茶；但未能如后世之盛耳。逮唐中世榷利，遂与煮酒相抗，迄今国计赖此为多。(《南窗纪谈》)

西汉时已有啜茶

古人以谓饮茶始于三国时，谓《吴志·韦曜传》："孙皓每饮群臣酒，率以七升为限。曜饮不过二升，或为裁减，或赐茶茗以当酒。据此以为饮茶之证。"按《赵飞燕别传》："成帝崩后，后一日梦中惊啼甚久。侍者呼问，方觉，乃言曰：'吾梦中见帝，帝赐吾坐，命进茶。左右奏帝云，向者侍帝不谨，不合啜此茶。'"然则西汉时已尝有啜茶之说矣，非始于三国也。(《广阳杂记》)

襄字茶难得

《文昌杂录》云，仓部韩郎中言：叔父魏国公喜饮酒，至数十大觞，犹未醉；不甚喜茶，无精粗共置一笼，每尽，即取碾，亦不问新旧。尝暑日曝茶于庭，见一小角，上题"襄"字，蔡端明所寄也，因取以归，直王家物。日后见蔡，说当时只有九铐，又以叶园一饼充数十以献魏公。其难得者如此。(《苕溪渔隐丛话》)

赐茶

昔人以陆羽饮茶，比于后稷树谷，及观《韩翃》序茶云："吴主礼贤，方闻置茗；晋人爱客，才有分茶。"则知开创之功，非关

桑苎老翁也。若云在昔茶勋未普，则比时赐茶已一千五百串矣。（《续茶经》）

闵汶老茶

周墨农向余道闵汶水茶不置口。戊寅九月，至留都，抵岸，即访闵汶水于桃叶渡。日晡，汶水他出，迟其归，乃婆婆一老。方叙话，遽起曰“杖忘某所”，又去。余曰：“今日岂可空去。”迟之又见，汶水返，更定矣。睨余曰：“客尚在耶？客在奚为者？”余曰：“慕汶老久，今日不畅饮汶老茶，决不去。”汶水喜，自起当垆。茶旋煮，速如风雨。导至一室，明窗净几，荆溪壶，成宣窑，瓷瓯十余种，皆精绝。灯下视茶色，与瓷瓯无别，而香气逼人，余叫绝。余问汶水曰：“此茶何产？”汶水曰：“阆苑茶也。”余再啜之，曰：“莫绐余，是阆苑制法，而味不似。”汶水匿笑曰：“客知是何产？”余再啜之，曰：“何其似罗岕甚也？”汶水吐舌曰：“奇！奇！”余问水何水，曰：“惠泉。”余又曰：“莫绐余；惠泉走千里，水劳而圭角不动，何也？”汶水曰：“不复敢隐。其取惠水，必淘井，静夜候新泉至，旋汲之。山石磊磊藉瓮底，舟非风则勿行，故水不生磊。即寻常惠泉，犹逊一头地，况他水耶。”又吐舌曰：“奇！奇！”言未毕，汶水去。少顷，持一壶，满斟余曰：“客啜此。”余曰：“香扑烈，味甚浑厚，此春茶耶？向瀹者的是秋采。”汶水大笑曰：“予年七十，精赏鉴者无客比！”遂定交。（《陶庵梦忆》）

李于鳞受饷岕茶

李于鳞为吾浙按察副使，徐子与以岕茶最精者饷之。比看子与昭庆寺，问及，则已赏皂役矣。盖岕茶叶大多梗，于鳞北士，不遇，宜矣。纪之以发一粲。季象说。(《快雪堂漫录》)

董小宛嗜茶

姬能饮，自入吾门，见余量不胜蕉叶，遂罢饮，每晚侍荆人数杯而已。而嗜茶与余同性，又同嗜片界。每岁半塘顾子兼，择最精者缄寄，具有片甲蝉翼之异，文火细烟，小鼎长泉，必手自炊涤。余每诵左思娇女诗“吹嘘对鼎鑢”之句，姬为解颐。至沸乳看蟹目鱼鳞，传瓷选月魂云魄，尤为精绝。每花前月下，静试对尝，碧沈香泛，真如木兰沾露，瑶草临波，备极卢陆之致。东坡云:“分无玉碗捧蛾眉。”余一生清福，九年占尽，九年折尽矣。(《影梅庵忆语》)

对花啜茶

对花啜茶，唐人谓之“杀风景”，宋人则不然。张功甫“梅花宜称”，有扫雪烹茶一条。放翁诗云:“花坞茶新满市香”，盖以此为韵事矣。(《冷庐杂识》)

高宗饮龙井新茶

杭州龙井新茶，初以采自谷雨前者为贵，后者于清明节前采者入贡为头纲，颁赐时，人得少许，细仅如芒，瀹之，微有香，而未能辨其味也。

高宗命制三清茶，以梅花、佛手、松子瀹茶，有诗纪之，茶宴日即赐此茶，茶碗亦摹御制诗于上，宴毕，诸臣怀之以归。（《清稗类钞》）

李客山与客啜茗

李客山，名果，长洲布衣，艰苦力学，忍饥诵经，樵苏不继，怡然自得，所居亦湫隘，良友至，辄呼小童取一钱，就茶肆泼茗，共啜之。（《清稗类钞》）

姚叔节从母乞茗饮

桐城姚永概，字叔节，为慕庭运同之叔子，母光恭人，同邑直隶布政使聪谐女也。叔节儿时，从塾中归，一日恭人与其适马其昶之长女，方坐窗下，论家事，旁置茗一瓯，叔节乞就饮之，颏蹙。恭人笑曰：“儿畏苦耶，何吾嗜之，不觉也。”（《清稗类钞》）

诗　话

陆羽

陆羽字鸿渐，一名疾，字季疵，复州竟陵人，不知所生，或言有僧得诸水滨，畜之，既长，以《易》自筮，得《蹇之渐》曰："鸿渐于陆，其羽可用为仪。"乃以陆为氏，名而字之。幼时，其师教以旁行书，答曰："终鲜兄弟，而绝后嗣，得为孝乎？"师怒，使执粪除污塓以苦之，又使牧牛三十。羽潜以竹画牛背为字，得张衡《南都赋》，不能读，危坐效群儿嗫嚅若成诵状，师拘之，令薙草莽。当其记文字，懵懵若有遗，过日不作，主者鞭苦，因叹曰："岁月往矣，奈何不知书？"呜咽不自胜，因亡去，匿为优人，作诙谐数千言。天宝中，州人酺吏署羽伶师，太守李齐物见异之，授以书，遂庐虎门山。貌侻陋，口吃而辩，闻人善，若在己，见有过者，规切至忤人。朋友燕处，意有所行，辄去，人疑其多嗔。与人期，雨雪虎狼不避也。上元初，更隐苕溪，自称桑苎翁，阖门著书，或独行野中，诵诗击木，裴回不得意，或恸哭而归，故时谓今接舆也。久之，诏拜羽太子文学，徙太常寺太祝，不就职。贞元末卒。羽嗜茶，著《经》三篇，言茶之原、之法、之具尤备，天下益知饮茶矣。时鬻茶者，至陶羽形，器炀突间，祀为茶神。有常伯熊者，因羽论，复广著茶之功，御史大夫李季卿，宣慰江南，次临淮，知伯熊善煮茶，召之。伯熊执器前，季卿为再举杯。至江南，又有荐羽者，召之。羽衣野服，挈具而入。季卿不为礼，羽愧之，更著《毁茶论》。其后尚茶成风，时回纥入朝，始驱马市茶。(《唐书·隐逸传》)

右补阙

唐右补阙綦毋煚，博学有著述才，上表请修古史，先撰目录以进，元宗称善，赐绢百匹。性不饮茶，制《代茶饮序》，其略曰："释滞消壅，一日之利暂佳；瘠气侵精，终身之累斯大。获益则归功茶力，贻患则不为茶灾，岂非福近易知，祸远难见?"(《大唐新语》)

陆龟蒙

甫里先生陆龟蒙，嗜茶。置园于顾渚山下，岁入茶租，自为品题，以继《茶经》。(《茶谱》)

采茶歌

蔡君谟谓范文正公曰："采茶歌云'黄金碾畔绿尘飞，碧玉瓯中翠涛起'，今茶绝品，其色甚白，翠绿乃下者耳，欲改为玉尘飞，素涛起，如何?"希文曰："善。"(《珍珠船》)

龙团称屈

东坡先生与鲁直、文潜诸人会饭，既食骨媠儿血羹。客有须薄茶者，因就取所碾龙团，遍啜坐人。或曰："使龙茶能言，当须称屈。"先生抚掌久之曰："是亦可为一题。"因援笔戏作律赋一首，以俾荐血羹龙团称屈为韵。山谷击节，称咏不能已。已无藏本，闻关子开能诵，今亡矣。惜哉!(《春渚纪闻》)

焦坑

先人尝从张晋彦觅茶，张答以二小诗："内家新赐密云龙，只到调元六七公；赖有家山供小草，犹堪诗老荐春风。""仇池诗里识焦坑，风味官焙可抗衡；钻余权幸亦及我，十辈遣前公试烹。"诗总得偶病，此诗俾其子代书，后误刊在《于湖集》中。焦坑产庾岭下，味苦硬，久方回甘。"浮石已干霜后水，焦坑新试雨前茶"，坡南还回，至章贡显圣寺诗也。后屡得之，初非精品，特彼人自以为重，包裹钻权幸，亦岂能望建溪之胜。(《清波杂志》)

碾茶绝句

先人三弟，季字德绍，为煇同庚同月，煇先十三日，自幼从竹林游。德性敏而静，中年后，文笔加进，尝题悦川碾茶绝句云："独抱遗经舌本干，笑呼赤角碾龙团；但知两腋清风起，未识捧瓯春笋寒。"颇有唐人风致，死已十年，遗藁失于收拾，但宗族间得传一二。(《清波杂志》)

谢饷茶书

杨廷秀谢傅尚书茶书："远饷新茗，当自携大瓢，走汲溪泉，束涧底之散薪，燃折脚之石鼎，烹玉尘，啜香乳，以享天上故人之意。愧无胸中之书传，但一味搅破菜园耳。"(《销夏》)

代茶饮子

王焘集《外台秘要》有《代茶饮子》一首云，格韵高绝，惟山居逸人乃当作之。予尝依法治服，其利鬲调中，信如所云。而其气味，乃一服煮散耳，与茶了无干涉。薛能诗云："粗官乞与真抛却，赖有诗情合得尝。"又作鸟嘴茶诗云："盐损添常诫，姜宜著更夸。"乃知唐人之于茶，盖有河朔脂麻气也。(《东坡集》)

水声

裴晋公诗云："饱食缓行初睡觉，一瓯新茗侍儿煎；脱巾斜倚绳床坐，风送水声来耳边。”公为此诗，必自以为得志，然吾山居七年，享此多矣。今岁新茶适佳，夏初作小池，导安乐泉注之，得常熟破山重台白莲，植其间。叶已覆水，虽无淙潺之声，然亦澄澈可喜。此晋公之所诵咏，而吾得之，可不为幸乎！(《避暑录话》)

欧公诗

欧公和刘原父扬州时会堂绝句云：“积雪犹封蒙顶树，惊雷未发建溪春，中洲地暖萌芽早，入贡宜先百物新。”注云：“时会堂，造贡茶所也。”余以陆羽《茶经》考之，不言扬州出茶，惟毛文锡《茶谱》云：“扬州禅智寺，隋之故宫，寺傍蜀冈，其茶甘香，味如蒙顶焉。第不知入贡之因，起于何时，故不得而志之也。”(《苕溪渔隐丛话》)

三不点

《诗》云：“谁谓荼苦。”《尔雅》云：“槚，苦荼。”注：“树似栀子，今呼早采者为荼，晚采者为茗，一名荈，蜀人名之苦荼。”故东坡《乞茶栽》诗云：“周诗记苦荼，茗饮出近世，初缘厌粱肉，假此雪昏滞。”盖谓是也。六一居士《尝新茶》诗云：“泉甘器洁天色好，坐中拣择客亦佳。”东坡守维扬，于石塔寺试茶，诗云：“禅窗丽午景，蜀井出冰雪。坐客皆可人，鼎器手自洁。”正谓谚云“三不点”也。(《苕溪渔隐丛话》)

茶字解

九经无茶字，或言荼苦即是也。见于《尔雅》，谓之槚茗，则是今之荼，但经中只有荼字耳。(《学斋呫哔》)

茶磨铭

山谷作《茶磨铭》云："楚云散尽，燕山雪飞；江湖归梦，从此祛机。"(《谈苑》)

奇俊语

张又新《煎茶水记》："粉枪木旗，苏兰薪桂；陆羽《茶经》，煮华救沸。"皆奇俊语。(《墐户录》)

参寥茶诗

东坡云：昨夜梦参寥师，携诗见过，觉而记其饮茶两句云："寒食清明都过了，石泉槐火一时新。"梦中问火固新矣，泉何故新？答曰：俗以清明淘井。当续成诗，以记其事。(《苕溪渔隐丛话》)

绿茶诗

三山老人《语录》云，五代时郑遨茶诗云："嫩芽香且灵，吾谓草中英。夜臼和烟捣，寒炉对雪烹。罗忧碧粉散，尝见绿花生。

最是堪珍重，能令睡思清。”范文正公诗云：“黄金碾畔绿尘飞，碧玉瓯中翠涛起。”茶色以白为贵，二公皆以碧绿言之，何耶？（《苕溪渔隐丛话》）

戏评试茶诗

《西清诗话》云：叶涛诗极不工，而喜赋咏，尝有试茶诗云：“碾成天上龙兼凤，煮出人间蟹与虾。”好事者戏云：“此非试茶，乃碾玉匠人尝南食也。”（《苕溪渔隐丛话》）

茶筅子诗

苕溪渔隐曰，子苍《谢人寄茶筅子诗》云：“看君眉宇真龙种，尤解横身战雪涛。”卢骏元亦有此诗云：“到底此君高韵在，清风两腋为渠生。”皆善赋咏者，然卢优于韩。（《苕溪渔隐丛话》）

杀风景

《西清诗话》云：《义山杂纂》，品目数十，盖以文滑稽者。其一曰，杀风景，谓清泉濯足，花上晒裈，背山起楼，烧琴煮鹤，对花啜茶，松下喝道。晏文献庆历中，罢相守颍，以惠山泉烹日注，从容置酒；赋诗曰：“稽山新茗绿如烟，静挈都蓝煮惠泉，未向人间杀风景，更持醪醑醉花前。”王荆公元丰末，居金陵，蒋大漕之奇，夜谒公于蒋山，驺喝甚都，公取松下喝道语，作诗戏之云：

“扶衰南陌望长楸，灯火如星满地流，但怪传呼杀风景，岂知禅客夜相投。”自此杀风景之语，颇著于世。

《三山老人语录》云：唐人以对花啜茶，谓之杀风景，故荆公寄茶与平甫诗，有“金谷看花莫谩煎”之句。(《苕溪渔隐丛话》)

鲁直戏答孔常文诗

苕溪渔隐曰：鲁直以双井茶送孔常文，常文答诗有“煎点径须烦绿珠”之句，因戏答云“知公家亦阙扫除，但有文君对相如；政当为公乞如愿，作书远寄宫亭湖”。《录异传》云：庐陵欧阳明道彭蠡，以船中所有，投湖中，云以为礼。积数年，复过，有数吏来候明云“青洪君相邀”。且曰：“感公有礼，且厚遗公，愿勿取，独求如愿耳。”明既见，遂求如愿；如愿者，青洪君婢也；明将归，所愿辄得，数年大富。(《苕溪渔隐丛话》)

茶歌

《艺苑雌黄》云：玉川子有谢孟谏议《惠茶歌》，范希文亦有《斗茶歌》，此二篇皆佳作也，殆未可以优劣论。然《玉川歌》云“至尊之余合王公，何事便到山人家”；而希文云“北苑将期献天子，林下雄豪先斗美”；若论先后之序，则玉川之言差胜。虽然，如希文，岂不知上下之分者哉，亦各赋一时之事耳。

苕溪渔隐曰：艺苑以卢、范二篇茶歌皆佳作，未可优劣论，今录全篇。余谓玉川之诗，优于希文之歌，玉川自出胸臆，造语稳贴，得诗人句法，希文排比故实，巧欲形容，宛成有韵之文，是果无优劣耶。《玉川走笔谢孟谏议惠新茶》云："日高丈五睡正浓，将军打门惊周公。口云谏议送书信，白绢斜封三道印。开缄宛见谏议面，手阅月团三百片。闻道新年入山里，蛰虫惊动春风起。天子须尝阳羡茶，百草不敢先开花。仁风暗结珠琲瓃，先春抽出黄金芽。摘鲜焙芳旋封裹，至精至好且不奢。至尊之余合王公，何事便到山人家。柴门反关无俗客，纱帽笼头自煎吃。碧雪引风吹不断，白花浮光凝碗面。一碗喉吻润，两碗破孤闷。三碗搜枯肠，惟有文字五千卷。四碗发轻汗，平生不平事，尽向毛孔散。五碗肌骨清，六碗通仙灵。七碗吃不得也，唯觉两腋习习清风生。蓬莱山，在何处？玉川子，乘此清风欲归去。山上群仙司下土，地位清高隔风雨。安得知百万亿苍生命，堕在颠崖受辛苦。便为谏议问苍生，到头合得苏息否？"希文《和章岷从事斗茶歌》云："年年春自东南来，建溪先暖水微闻。溪边奇茗冠天下，武夷仙人从古栽。新雷昨夜发何处，家家嬉笑穿云去。露芽错落一番荣，缀玉含珠散嘉树。终朝采掇未盈襜，唯求精粹不敢贪。研膏焙乳有雅制，方中圭兮圆中蟾。北苑将期献天子，林下雄豪先斗美。鼎磨云外首山铜，瓶携江上中泠水。黄金碾畔绿尘飞，紫玉瓯心翠涛起。斗茶味兮轻醍醐，斗茶香兮薄兰芷。其间品第胡能欺，十目视而十手指。胜若登仙不可攀，输同降将无穷耻。吁嗟天产石上英，论功不愧阶前蓂。众人之浊我可清，千日之醉我可醒。屈原试与招魂魄，刘伶却得闻雷霆。卢仝敢不歌，陆羽须作经。森然万象中，焉知无茶星。商山丈人休茹芝，首阳先生休采薇。长安酒价减千万，成都药市无光辉。不知仙山一啜好，泠然便欲乘风飞。君莫羡花开，女郎只斗草，赢得珠玑满斗归。”（《苕溪渔隐丛话》）

双井茶诗

苕溪渔隐曰：醉翁又有《双井茶诗》云：“两江水清江石老，石上生茶如凤爪。穷腊不寒春气早，双井芽生先百草。白毛囊以红碧纱，十斤茶养一斤芽。长安富贵五侯家，一啜尤须三日夸。”

蔡君谟好茗饮，又精于藻鉴，《答程公辟简》云：“向得双井四两，其时人还未试，叙谢不悉。寻烹治之，色香味皆精好，是为茗芽之冠，非日注宝云可并也。涪翁又誉双井，盖乡物也。”李公择有诗嘲之，戏作解嘲云：“山芽落硙风回雪，曾与尚书破睡来，勿以姬姜弃憔悴，逢时瓦釜亦鸣雷。”又《答黄冕仲索煎双井，并简王扬休诗》云：“江夏无双乃吾宗，同舍颇似王安丰。能浇茗碗湔祓我，风神欲挹浮丘公。吾宗落笔赏幽事，秋月下照澄江空。家山鹰爪是小草，敢与好赐雪龙同。不嫌水厄幸来辱，寒泉汤鼎听松风。”（《苕溪渔隐丛话》）

诗讥世之小人

钱颉在秀州监税，旧曾作台官，始于秀州，与之相见；后钱觊作诗送茶来，某作诗谢之云：“我官于南今几时，尝尽溪茶与山茗。胸中似记故人面，口不能言心自省。为君细说我未暇，试评其略差可听。建溪所产虽不同，一一天与君子性。森然可爱不可慢，骨清肉腻和且正。雪花雨脚何足道，啜过始知真味永。纵复苦硬终可录，汲黯少戆宽饶猛。草茶无赖空有名，高者妖邪次顽犷。体轻虽复强浮泛，性滞偏工呕酸冷。其间绝品岂不佳，张禹纵贤非骨鲠。蔡花玉銙不易致，道路幽险隔云岭。谁知使者来自西，开缄磊落收百饼。嗅香嚼味本非别，透纸自觉光炯炯。秕糠团凤友小龙，奴隶日注臣双井。收藏爱惜待佳客，不敢包裹钻权幸。此话有味君勿传，空使时人怒生瘿。”此诗云“草茶无赖空有名，高者夭邪次顽犷”，以讥世之小人，若不谄媚夭邪，须顽犷狠劣也。又云“体轻虽复强浮泛，性滞偏工呕酸冷”，亦以讥世之小人，体轻浮，而性滞泥也。又云“其间绝品岂不佳，张禹纵贤非骨鲠”，亦以讥世之小人如张禹，虽有学问，细行谨饬，终非骨鲠之人也。又云“收藏爱惜待佳客，不敢包裹钻权幸，此诗有味君勿传，空使时人怒生瘿”，以讥世之小人，有以好茶钻求富贵权要者，见此诗，当大怒也。(《苕溪渔隐丛话》)

山谷赋

山谷《赋苦笋》云：“苦而有味，如忠谏之可活国；多而不害，如举士而能得贤。”可谓得擘笋三昧。“汹汹乎，如涧松之发清吹；浩浩乎，如春空之行白云。”可谓得煎茶三昧。(《岩栖幽事》)

茶字考

荼字，自中唐始变作茶，其说已详之《唐韵正》，按《困学纪闻》："荼有三，谁谓荼苦，苦菜也；有女如荼，茅秀也；以薅荼蓼，陆草也。"今按《尔雅》，荼蒤字凡五见，而各不同。《释草》曰："荼，苦菜。"《注》引《诗》："谁谓荼苦，其甘如荠。"《疏》云："此味苦可食之菜。《本草》一名选，一名游冬。《易纬通封·验元图》云：苦菜生于寒秋，经冬历春，乃成。月令，孟夏苦菜秀，是也。叶如苦苣而细，断之有白汁，花黄似菊，堪食，但苦耳。"又曰："蔈荂荼。"《注》云即芀，《疏》云：按《周礼》掌荼，及《诗》有女如荼，皆云，荼，茅秀也，蔈也，荂也，其别名此二字，皆从草从余。又曰，蒤虎杖。《注》云：似红草而粗大，有细刺，可以染赤，《疏》云：蒤，一名虎杖，陶注《本草》云：田野甚多，壮如大马，蓼茎斑而叶圆，是也。又曰：蒤委叶，《注》引《诗》以茠蒤蓼，《疏》云："蒤，一名委叶。"王肃《说诗》云："蒤，陆秽草，然则蒤者，原田芜秽之草，非苦菜也。"今诗本茠作薅，此二字皆从涂。《释木》曰："槚，苦荼。"《注》云：树小如栀子，冬生叶，可煮作羹饮，今呼早采者为荼，晚取者为茗，一名荈，蜀人名之苦荼。此一字亦从草从余，今以《诗》考之，邶《谷风》之荼苦，七月之采荼，绵之堇荼，皆苦菜之荼也。又借而为荼毒之荼，桑柔，汤诰，皆苦菜之荼也。夏小正取荼莠，《周礼》地官掌荼，《仪礼》，既夕，礼茵著用荼实绥泽焉。《诗》，鸱鸮捋荼。传曰，荼萑荅也。《正义》曰："谓蓷之秀穗，茅蓷之秀，其物相类，故皆名荼也。"茅秀之荼也，以其白也，而象之《出其东门》"有女如荼"，《国语》"吴王夫差，万人为方，陈白常白旗素甲白羽之矰，望之如荼"。《考工记》"望而视之，欲其荼白"，亦茅秀之荼也。《良耜》之荼蓼，委叶之蒤也。唯虎杖之蒤，与槚之苦荼，不见于《诗礼》。而王褒《僮约》云：阳武买荼；张载《登成都白菟楼诗》云：芳荼冠六清；孙楚诗云"姜桂荼荈出巴蜀"；《本草衍义》"晋温峤上表，贡荼千斤，茗三百斤"。是知自秦人取蜀而后，始有茗饮之事。王褒《僮约》前云"炰鳖烹荼"，后云"阳武买荼"，《注》以前为苦菜，后为茗。(《日知录》)

茶饮功过

陆羽嗜荼【自此后，荼字，减一画为茶】，著《经》三篇，言茶之原、之法、之具尤备。天下益知饮茶矣。有常伯熊者，因羽论复广著茶之功，其后尚茶成风。时回纥入朝，始驱马市茶，至明代设茶马御史。而《大唐新语》言：右补阙綦毋煚性不饮茶，著《茶饮序》讥世之小人。《茶饮序》曰："释滞消壅，一日之利暂佳；瘠气侵精，终身之害斯大。获益则功归茶力，贻患则不谓茶灾，岂非福近易知，害远难见?"宋黄庭坚《茶赋》，亦曰："寒中瘠气，莫甚于茶，或济之盐，勾贼破家。"今南人往往有茶癖，而不知其害，此亦摄生者之所宜戒也。(《日知录》)

《大观茶论》不若《十六汤》

宋徽宗有《大观茶论》二十篇，皆为碾饼烹点而设，不若陶谷《十六汤》，韶美之极。(《太平清话》)

品惠泉赋

徐长谷《品惠泉赋》序云："叔皮何子，远游来归，汲惠山泉一罂，遗余东皋之上。余方静掩竹门，消详鹤梦。奇事忽来，逸兴横发，乃乞新火，煮而品之，使童子归谢叔皮焉。"(《太平清话》)

乞梅茶帖

《乞梅茶帖》，顾僧孺与某往来绝笔也。帖在正月五日。十三日，某从娄东归，则僧孺死一日矣。其帖云："病寒发热，思嗅腊梅花，意甚切。敢移之高斋，更得秋茗啜之尤佳。此二事兄必许我，不令寂寞也。雨雪不止，将无上元后把臂耶?"此帖字画遒劲，不类病时作。人生奄忽如此，何以堪之? 往与僧孺相酬答，不下万纸，后无存者，使人神伤。朋友手泽，亦何与人事，要可发一时之相忆云尔。(《梅花草堂笔谈》)

茶史

赵长白作《茶史》，考订颇详要，以识其事而已矣。龙团凤饼，紫茸惊芽，决不可用于今之世。予尝论今之世，笔贵而愈失其传，

茶贵而愈出其味。此何故？茶人皆具口鼻，颖人不知书字，天下事未有不身试之而出者也。（《梅花草堂笔谈》）

许然明奇矣

许次纾，字然明，号南华，方伯茗山公之幼子。跛而能文，好蓄奇石，好品泉，又好客。性不善饮，宴客，每彻宵旦，金错到手随尽，坐是屡困。因出游闽楚燕齐，数千里外，尝裹金数镒归。归数月，又尽，贫自若也。与黄贞父、吴伯霖、张仲初、冯开之诸公善。家东城，近慈云寺，并城对池，境甚潇洒。所著诗文甚富，有《小品室》《荡櫛斋》二集，今失传。予曾得其所著《茶疏》一卷，论产茶、采摘、炒焙、烹点诸事，凡三十六条，深得茗柯至理，与陆羽《茶经》相表里。前有吴兴姚叔度绍宪，同里许才甫世奇二序，称然明殁后三年，感梦于才甫曰："欲以《茶疏》灾木，今以累子。"才甫因授剞劂。文士结习，不能忘情于身后，事亦奇矣。（《东城杂记》）

衡山卧听采茶歌

旧春上元，在衡山县曾卧听采茶歌，赏其音调，而于辞句懵如也。今又在衡山，于其土音虽不尽解，然十可三四，领其意义，因之而叹古今相去不甚远。村妇稚子口中之歌，而有十五国之章法。顾左右无与言者，浩叹而止。（《广阳杂记》）

施茶所

黄厢岭有望苏亭，施茶所也。其上有庵，僧见修，母子出家于内。衡人全俊公，请予为联以赠，予题茶亭云：“赵州茶一口吃干；台山路两脚走去。”题堂前云：“奉亲入道成真孝；教子离尘是大慈。”题山门云：“门外鸟啼花落；庵中饭熟茶香。”（《广阳杂记》）

蟹壳泉诗

仁和马小药，尝从其尊人秋药太常视学陕甘，得尝蟹壳泉，而作诗曰：“何年老阿旁，乘潮上绝壁。误堕岩隙中，遗筐化为石。红膏变玉胰，元津潠璃砾。蚁窍同九回，蚌汞时一滴。承以清丝瓶，重之素锦幂。王孙喜茗事，延客松风宅。小灶侍獠奴，轻瓯捧词伯。睛先鱼眼生，爪从兔毫别【哥窑作兔褐色，有猪鬃蟹爪纹】。琴声听爬沙，诗情到郭索。酿酒当更佳，蟹黄同一脉。”【通州雪酒以府治蟹黄井酿之，宋人易以西湖，味稍劣。】

锁吟竹茂才成，系出回纥，嘉道间之钱塘诸生也，亦有试蟹壳泉诗云：“山深有石蜕，其色黝如铁。云是蟹遗筐，何年化为石？石中生微涎，吞吐自藏湿。甘逾凤咮清，色胜螟颐白。至今山下人，瓶器小容汲。我来试清泠，迥与江水别。煎茶固其宜，酿酒亦甘洁。”（《清稗类钞》）

吴秋农饮锅焙茶

锅焙茶，产邛州火井漕，箬裹囊封，远致西藏，味最浓冽，能荡涤腥膻厚味，喇嘛珍为上品。乾隆末，钱塘吴秋农茂才闻世随宦蜀中，尝饮之而为诗曰："我闻蜀州多产茶，椭葰茗荈名齐夸。涪陵丹陵种数十，中项上清为最嘉。临邛早春出锅焙，仿佛蒙山露芽翠。压膏入臼筑万杵，紫饼月团留古意。火井槽边万树丛，马驮车载千城通。性醇味厚解毒疠，此茶一出凡品空。竹君怜我病渴久，一鞭双笼长须走。清风故人与俱来，不思更贳当垆酒。涤枪洗碾屑桂姜，活火烹试第二汤。绿尘碧乳泻百盏，苏我病骨津枯肠。庭前一叶秋容浅，天末怀人情辗转。何时薛井汲新泉，共听羊肠看蟹眼。"（《清稗类钞》）

祝斗岩咏煮茶

海宁祝斗岩员外翼权尝作《煮茶歌》，以和傅笏岩，歌云："晓院鹿卢如转毂，古墙不碍诗城筑。春云入颊细无痕，卷帘长啸清酣独。十年间为一官忙，乘兴何当频看竹。故园笋蕨梦中肥，觉来初报凌霄熟。我昔最慕武夷茶，解事还能散馥郁。沸鼎松声喷绿涛，云根漱玉穿飞瀑。此时拄颊意超越，置身仿佛南泠曲。小轩兰韵午晴初，个中自有真清福。不须斗酒换西凉，春芽绝胜葡萄曲。习习生风两腋间，狂来泼袖忘杯覆。所谓伊人在水湄，诗来百读沁心脾。鹤怨猿啼归未得，文成应有北山移。"（《清稗类钞》）

吴我鸥喜雪水茶

以雪水烹茶，俊味也，吴我鸥喜之，尝为诗曰：“绝胜江心水，飞花注满瓯。纤芽排夜试，古瓮隔年留。寒忆冰阶扫，香参玉乳浮。词清应可比，曾涴一襟秋。”（《清稗类钞》）

朱古微不嗜茶

朱古微侍郎祖谋不嗜茶，尝有睡起二绝句云：“病入梅天信有魔，透帘风与药烟和，策勋茗碗非吾事，孤负一封春碧螺。”【碧螺春，茶名，产太湖洞庭山，其味在龙井之上。】“苍鸠赚客语连晨，草树风干不动尘，睡起南塘知有雨，野云炉篆两轮囷。”（《清稗类钞》）

嗜　习

王濛好饮茶

晋司徒长史王濛，好饮茶，人至辄命饮之。士大夫皆患之，每欲往候，必云：今日有水厄。(《世说新语》)

皮光业以茗为师

天福二年，国建，拜光业丞相，美容仪，善谈论，见者或以为神仙中人。性嗜茗，常作诗，以茗为“苦口师”，国中多传其癖。(《吴越春秋·皮光业传》)

皮光业呼茶甚急

皮光业最耽茗事。一日，中表请尝新柑，筵具殊丰，簪绂丛集。才至，未顾尊罍，而呼茶甚急，径进一巨瓯；题诗曰：“未见甘心氏，先迎苦口师。”众噱曰：“此师固清高，而难以疗饥也。”(《清异录》)

击鼓喊山

《文昌杂录》云：库部林郎中说建州上春采茶时，茶园人无数，击鼓声闻数里；然一园中，才间垄，茶品已相远，又况山园之异邪。苕溪渔隐曰：欧阳永叔尝茶诗云，“年穷腊尽春欲动，蛰雷未起驱龙蛇。夜闻击鼓满山谷，千人助叫声喈呀。万木寒凝睡不醒，惟有此树先萌芽。”余官富沙，凡三春，备见北苑造茶，但其地暖，才惊蛰，茶芽已长寸许，初无击鼓喊山之事。永叔诗与文昌所纪皆非也。北苑茶山，凡十四五里，茶味惟均，岂有间垄茶品已相远之说邪。(《苕溪渔隐丛话》)

彭生茶三片，毛氏酒半斤

马令《南唐书》云：丰城毛炳好学，不能自给，入庐山，与诸生讲诗，获镪，即市酒尽醉。时彭会好茶，而炳好酒，时人为之语曰：“彭生坐赋茶三片，毛氏诗传酒半斤。”(《天禄识余》)

茗碗时供，野芳暗度

一鸠呼雨，修篁静立，茗碗时供，野芳暗度。又有两鸟咿嘤林外，均节天成。童子倚炉触屏，忽鼾忽止。念既虚闲，室复幽旷，无事此坐，长如小年。(《梅花草堂笔谈》)

济南人不重茗饮

济南人不重茗饮而好酒，虽大市集，无茶肆，故劳动界之金钱消耗较少，而士夫之消耗光阴，亦不致如南人之甚。朋辈征逐，惟饮酒，酒多高粱。(《清稗类钞》)

张则之嗜茶

丹徒张则之，名孝思，嗜茶有茶癖，谓天地间物，无不随时随境随俗而有变迁，茶何独不然。陆羽《茶经》，有古宜而今未必宜，有今然而古未必然，茶亦有世轻世重焉。其嗜茶也，出入陆氏之经，酌古准今，定其不刊之宜，神明变化，得乎口而运乎心矣。且善别水性，若他往，必以已品定之水自随，能入其室而尝其茶者，必佳士也。则之，顺治时人。(《清稗类钞》)

湘人并茶叶咀嚼

湘人于茶，不惟饮其汁，辄并茶叶而咀嚼之。人家有客至，必烹茶，若就壶斟之以奉客，为不敬，客去，启茶碗之盖，中无所有，盖茶叶已入腹矣。(《清稗类钞》)

蒙古人食茶

茶，饮料也，而蒙古人乃以为食，非加水而烹之也。所用为砖茶，辄置于牛肉牛乳中，杂煮之，其平日虽偏于肉食，而不患坏血

病者，亦以此。(《清稗类钞》)

叶仰之嗜茶酒

叶仰之茂才观文，康熙朝之钱塘人。初嗜酒，醉辄嫚骂；已而病，涓滴不能饮，复嗜茶。(《清稗类钞》)

德宗嗜茶烟

德宗嗜茶，晨兴，必尽一巨瓯，雨脚云花，最工选择，其次闻鼻烟少许，然后诣孝钦后宫行请安礼。(《清稗类钞》)

茶癖

人以植物之叶，制为饮料，实为五洲古今之通癖，其源盖不可考。西人嗜咖啡椰子，东人好茶，其物虽以所居而异，好饮一也。然据医士研究，谓此种饮料含水之多，由百分之九十至九十八，而此少许之饮料，于身体实无所益，饮者亦借其芬芳之气，为进水之阶而已。茶癖非生而有也，乳臭之童，饮茶常苦其涩，不杂以糖果，则不能下；既长，随社会之所好，然后成癖，成人有终岁不饮茶者，于身体之健康，殊无影响，其非生命必需之物，盖无疑义。

世界产茶之地，首推吾国，次则印度、日本、锡兰。西人视乌龙为珍品，即吾国之红茶也。茶之上者，制自嫩叶幼芽，间以花蕊其能香气袭人者，以此耳。劣茶则成之老叶枝干，枝干含制革盐最多，此物为茶中最多之部，故饮劣茶害尤甚也。茶味皆得之茶素，茶素能激刺神经，饮茶觉神旺心清，能彻夜不眠者，以此。然枵腹饮之，使人头晕神乱，如中酒然，是曰茶醉。

茶之功用，仍恃水之热力，食后饮之，可助消化力。西人加以糖乳，故亦能益人，然非茶之功也。茶中妨害消化最甚者，为制革盐，此物不易融化，惟大烹久浸始出，若仅加以沸水，味足即倾出，饮之无害也。吾人饮茶颇合法，特有时浸渍过久，为可忧耳。久煮之茶，味苦色黄，以之制革则佳，置之腹中不可也。青年男女年在十五六以下者，以不近茶为宜，其神经统系，幼而易伤，又健于胃，无需茶之必要，为父母者宜戒之。(《清稗类钞》)

器　物

蜡环碟子

始建中，蜀相崔宁之女，以茶杯无衬。病其熨指，取碟子承之，既啜而杯倾，乃以蜡环碟子之央，其杯遂定。即命匠以漆环代蜡，进于蜀相。蜀相奇之，为制名而话于宾亲，人人为便用于代，是后传者，更环其底，愈新其制，以至百状焉。(《资暇录》)

王城东茶囊

古人谓贵人多知人，以其阅人物多也。张邓公为殿中丞，一见王城东，遂厚遇之。语必移时，王公素所厚，惟杨大年，公有一茶囊，唯大年至，则取茶囊具茶，他客莫与也。公之子弟，但闻取茶囊，则知大年至。一日，公命取茶囊，群子弟皆出窥大年；及至，乃邓公，他日公复取茶囊，又往窥之，亦邓公也。子弟乃问公："张殿中者何人？公待之如此。"公曰："张有贵人法，不十年，当据吾座。"后果如其言。(《梦溪笔谈》)

蜀公茶器

蜀公与温公同游嵩山，各携茶以行。温公以纸为贴，蜀公用小木合子盛之。温公见之惊曰："景仁乃有茶器也。"蜀公闻其言，留合与寺僧而去。后来士大夫，茶器精丽，极世间之工巧，而心尤未厌，晁以道尝以此语客。客曰："使温公见今日茶器，不知云如何也！"（《曲洧旧闻》）

茶罗子

张芸叟曰："申公知人，故多得于下僚。家有茶罗子：一金饰，一棕栏。方接客，索银罗子，常客也；金罗子，禁近也；棕栏则公辅必矣。家人常挨排于屏间以候之。"申公、温公同时人，而待客茗饮之器，顾饰以金银，分等差，益知温公俭德，世无其比。（《清波杂志》）

第一纲茶

仲春上旬，福建漕司进第一纲茶，名"北苑试新"，方寸小夸，进御止百夸，护以黄罗软盝，籍以青箬，裹以黄罗夹复，臣封朱印，外用朱漆小匣镀金锁，又以细竹丝织笈贮之，凡数重，此乃雀舌水芽所造。一夸之直四十万，仅可供数瓯之啜耳。或以一二赐外邸，则以生线分解，转遗好事，以为奇玩。茶之初进御也，翰林司例有品赏之费，皆漕司邸吏赂之，间不满欲，则入盐少许，茗花为之散漫，而味亦漓矣。禁中大庆会，则用大镀金甃，以五色韵果，簇饤龙凤，谓之绣茶，不过悦目，亦有专其工者。外人罕知，因附见于此。(《乾淳岁时记》)

水豹囊

豹革为囊，风神呼吸之具也。煮茶啜之，可以涤滞思而起清风；每引此义，称茶为水豹囊。(《清异录》)

铜叶

《东坡后集·从驾景灵宫》诗云“病贪赐茗浮铜叶”，按今御前赐茶，皆不用建盏，用大汤甃，色正白，但其制样，似铜叶汤甃耳。铜叶色黄褐色也。(《演繁露》)

茶具

长沙茶具，精妙甲天下，每副用白金三百星，或五百星，凡茶之具悉备，外则以大缕银合贮之。赵南仲丞相帅潭日，尝以黄金千两为之，以进上方。穆陵大喜，盖内院之工，所不能为也。因记司马公与范蜀公游嵩山，各携茶以往，温公以纸为贴，蜀公盛以小黑合，温公见之曰：“景仁乃有茶具耶？”蜀公闻之，因留合与寺僧而归。向使二公见此，当惊倒矣。(《癸辛杂识》)

茶器

长沙匠者，造茶器极精致，工直之厚，等所用白金之数。士夫家多有之，置几案间，但知以侈靡相夸，初不常用也。司马温公偕范蜀公游嵩山，各携茶往，温公以纸为贴，蜀公盛以小黑合，温公见之惊曰："景仁乃有茶器！"蜀公闻其言，遂留合与寺僧。凡茶宜锡，窃意若以锡为合，适用而不侈，贴以纸则茶味易损，岂亦出杂以消风散意，欲矫时弊耶！《邵氏闻见录》云："温公尝与范景仁共登嵩顶，由轘辕道至龙门，涉伊水至香山，憩石临八节滩，凡所经从，多有诗什，作自序曰：游山录。携茶游山，当是此时。"（《清波杂志》）

钓雪

赵凡夫倩人制茶壶，式类时彬，辄毁之。或云，求胜彬壶，非也。时彬壶不可胜，凡夫恨其未极壶之变，故尔尔。闻有钓雪藏钱受之家。僧纯如云：状似带笠而钓者。然无牵合，意亦奇矣，将请观之。（《梅花草堂笔谈》）

茶寮

构一斗室，相傍山斋，内设茶具，教一童专主茶役，以供长日清谈。寒宵兀坐，幽人首务不可少废者。（《长物志》）

涤器

茶瓶、茶盏不洁，皆损茶味。须先时洗涤，净布拭之，以备用。(《长物志》)

茶洗

以砂为之，制如碗式，上下二层。上层底穿数孔，用洗茶，沙垢皆从孔中流出，最便。(《长物志》)

茶垆汤瓶

有姜铸铜饕餮兽面火垆及纯素者，有铜铸如鼎彝者，皆可用。汤瓶铅者为上，锡者次之，铜者不可用。形如竹筒者既不漏火，又易点注。瓷瓶虽不夺汤气，然不适用，亦不雅观。(《长物志》)

茶壶

壶以砂者为上。盖既不夺香，又无熟汤气。供春最贵，第形不雅，亦无差小者。时大彬所制又太小。若得受水半升，而形制古洁者，取以注茶，更为适用。其提梁、卧瓜、双桃、扇面、八棱、细花、夹锡茶替，青花白地，诸俗式者，俱不可用。锡壶有赵良璧者，亦佳。然宜冬月间用。近时吴中归锡、嘉禾黄锡，价皆最高。然制小而俗，金银俱不入品。(《长物志》)

茶盏

宣庙有尖足茶盏，料精式雅，质厚难冷，洁白如玉，可试茶色，盏中第一。世庙有檀盏，中有茶汤果酒，后有金箓大醮檀用等字者亦佳。他如白定等窑，藏为玩器，不宜日用。盖点茶须熁盏令热，则茶面聚乳，旧窑器熁热则易损，不可不知。又有一种，名崔公窑，差大，可置果实。果亦仅可用榛、松、新笋、鸡豆、莲实，不夺香味者，他如柑、橙、茉莉、木樨之类，断不可用。(《长物志》)

择炭

汤最恶烟，非炭不可。落叶、竹筱、树梢、松子之类，虽为雅谈，实不可用。又如暴炭、膏薪，浓烟蔽室，更为茶魔。炭以长兴茶山出者，名金炭，大小最适用。以麸火引之，可称汤友。(《长物志》)

时大彬壶

时壶名远甚，即遐陬绝域，犹知之。其制始于供春，壶式古朴风雅，茗具中得幽野之趣者。后则如陈壶、徐壶皆不能仿佛大彬万一矣。一云，供春之后四家，董翰、赵良远、袁钱，其一则大彬父时鹏也。彬弟子李仲芳，芳父小圆壶，李四老官，号养心，在大彬之上，为供春劲敌，今罕有见者，或沦鼠菌，或重鸡彝，壶亦有幸有不幸哉。(《秋园杂佩》)

供春

宜兴砂壶，供春为上，时大彬次之。时壶尚可得，供春则绝迹矣。供春者,《阳羡名陶录》以为童子，查初白词注以为吴家婢也，未知孰是。(《两般秋雨庵随笔》)

图书在版编目（CIP）数据

古今茶事 / 胡山源编. — 北京：商务印书馆，2022（2023.9重印）
ISBN 978－7－100－20556－6

Ⅰ.①古… Ⅱ.①胡… Ⅲ.①茶文化—中国—古代 Ⅳ.①TS971.21

中国版本图书馆CIP数据核字（2021）第269672号

古 今 茶 事

胡山源 编

商 务 印 书 馆 出 版
（北京王府井大街36号 邮政编码 100710）
商 务 印 书 馆 发 行
山西人民印刷有限责任公司印刷
ISBN 978－7－100－20556－6

2023年1月第1版　　开本 889×1194 1/32
2023年9月第2次印刷　　印张 12⅝

定价：95.00元